Widmung

Dieses Buch ist Ihnen gewidmet – wenn Sie mehr Zeit mit Freude und in Verbindung mit anderen anstatt mit Konflikten und Ärger verbringen wollen.

BusinessVillage

Linda Schroeter

Konflikte führen

Die 5-Punkte-Methode für konstruktive Konfliktkommunikation

BusinessVillage

Linda Schroeter
Konflikte führen
Die 5-Punkte-Methode für konstruktive Konfliktkommunikation
1. Auflage 2013
© BusinessVillage GmbH, Göttingen

Bestellnummern
ISBN 978-3-86980-244-2 (Druckausgabe)
ISBN 978-3-86980-245-9 (E-Book, PDF)

Direktbezug www.BusinessVillage.de/bl/933

Bezugs- und Verlagsanschrift
BusinessVillage GmbH
Reinhäuser Landstraße 22
37083 Göttingen
Telefon: +49 (0)5 51 20 99-1 00
Fax: +49 (0)5 51 20 99-1 05
E-Mail: info@businessvillage.de
Web: www.businessvillage.de

Layout und Satz
Sabine Kempke

Autorenfoto
Thomas Höller, https://www.foto-hoeller.de

Druck und Bindung
www.booksfactory.de

Inhalt

Einleitung

Sie haben einen akuten Konflikt oder möchten Ihre Konfliktlösungs-fähigkeiten grundsätzlich verbessern? Wunderbar! Dann sind Sie hier genau richtig.

Die ersten und für viele Menschen besonders schwierigen Schritte haben Sie schon gemeistert! Sie wissen, dass Sie die Macht haben, Ihre Situation selber zu verbessern. Und Sie sind auch bereit, sich mit der Situation auseinanderzusetzen. Mit dem Lesen dieses Buches haben Sie bereits damit begonnen!

Was kann ich nun für Sie tun?
Ich gebe seit vielen Jahren Konfliktmanagement-Trainings und habe die besten und wirkungsvollsten Praxistipps für Sie zusammengestellt. Als Erstes finden Sie in diesem Buch die 5-Punkte-Methode. Wenn Sie diese 5 Punkte beantworten, haben Sie an alles Wesentliche zur Vorbereitung des Konfliktgespräches gedacht. Und Sie können Ihre Antworten direkt als Leitfaden für Ihr Konfliktgespräch verwenden. Falls Sie die ›gewalt-freie Kommunikation‹ nach Rosenberg kennen, werden Sie Überschnei-dungen bemerken (Rosenberg 2012). Ich habe Ihnen in diesem Buch die Erkenntnisse zusammengestellt, die sich in der Praxis immer wieder als sehr hilfreich erwiesen haben.

Im zweiten Teil des Buches gibt es eine Fülle von praktischen Tipps, die über die Jahre bei vielen Teilnehmern zu großen Veränderungen ge-führt haben. Ich habe immer wieder erlebt, wie kleine Denkanstöße zu lebensverändernden Einsichten wurden. Betrachten Sie dieses Buch als Buffet. Nehmen Sie sich einfach das heraus, was für Sie attraktiv ist.

Sie können mithilfe dieses Buches Ihre beruflichen wie auch privaten Konflikte leichter, schneller und nachhaltiger lösen. So können Sie eine neue Grundlage für positive Beziehungen schaffen. Und zwar nicht (wie oft befürchtet), indem Sie Ihre Ziele und Bedürfnisse aufgeben, sondern indem Sie diese verwirklichen!

Dieses Buch ist als Spickzettel und als Arbeitsbuch konzipiert. Streichen Sie sich Stellen an, die für Sie interessant sind. Tragen Sie Ihre Antworten auf die Fragen und weitere kleine Übungen ein. Nehmen Sie es als kleine Hilfe für die Zeit kurz vor dem Gespräch oder sogar als Notfall-Hilfe für währenddessen mit. Wenn Sie neue attraktive Verhaltensweisen und Einstellungen entdeckt haben, probieren Sie diese direkt aus.

Ich habe sowohl mit meinen Trainingsteilnehmern als auch mit mir selbst die Erfahrung gemacht, dass es sich sehr lohnt, sich kleine Päckchen zum Üben vorzunehmen. Sie werden vielleicht viele Ideen interessant finden. Meine Empfehlung ist: Nehmen Sie sich eine Verhaltens- oder Einstellungsänderung pro Woche vor und üben Sie diese konsequent. Das kann das Anwenden von Ich-Botschaften, die besonders klare Beschreibung eines objektiven Sachverhalts, das Aussprechen von Anerkennung oder, oder, oder sein. So können Sie Ihr ganz persönliches Training für sich selbst zusammenstellen.

Vielleicht üben Sie auch mit jemandem zusammen. Dann können Sie sich gegenseitig Rückmeldungen darüber geben, wie oft Ihnen das neue Verhalten am anderen bereits aufgefallen ist. Oder Sie fragen sich am Ende der Woche gegenseitig, in welchen Situationen Sie bereits erste Erfolge erzielen konnten.

Auch ohne einen direkten Übungspartner können Sie Ihr Umfeld bitten, Ihnen Rückmeldungen über Erfolge zu geben. Erfolgsrückmeldungen sind viel motivierender (und natürlich angenehmer) als Kritikrückmeldungen. Das Verändern soll schließlich auch Spaß machen!

Gerade für die erste Zeit des Ausprobierens ist es besonders wichtig, dass Sie sich selbst anerkennen, sobald Ihnen das neue Verhalten gelingt. Sie werden vielleicht schon kleine Veränderungen bemerken, bevor diese anderen auffallen. Und nehmen Sie es leicht! Jeder kleine Schritt lohnt sich und Verhalten, welches wir viele Jahre gepflegt haben, darf sich durchaus auch über einen längeren Zeitraum wieder verändern!

Die eigene Kommunikation zu verbessern und Konflikte immer leichter zu lösen ist eine sehr erfreuliche, lohnenswerte und vermutlich lebenslange Aufgabe. Und jeder Schritt in die richtige Richtung macht das Leben leichter und schöner!

Ich wünsche Ihnen viel Spaß und Erfolg!

Ihre

Brennt ein Konflikt? Mit der 5-Punkte-Methode finden wir eine Lösung!

Was kann ich tun, wenn ich einen Konflikt ansprechen möchte? Wie genau kann ich mich vorbereiten, damit das Gespräch erfolgreich verlaufen wird? Wie verschaffe ich mir einen Überblick, worum es mir eigentlich wirklich geht? Und wo fange ich an, wenn alles zu brennen scheint?

Das sind Fragen, die sicher jeder kennt.
Leider läuft eine typische Konfliktsituation meistens so ab: Der Streit oder Interessenkonflikt wird wahrgenommen und es ist auch der Wille vorhanden, die Situation zu lösen – denn Konflikte empfinden die meisten Menschen als unangenehm und belastend. Doch am Wie scheitert es. In unserer emotionalen Aufgewühltheit sagen wir oft Dinge, die wir nachher bereuen oder wir sagen nichts. So gären Konflikte weiter – manchmal über Jahre. Gefühle von Hilflosigkeit, Wut und Resignation nagen immer mehr am Selbstbewusstsein und können auch zu Depressionen und Burn-out beitragen.

Im Privatleben scheitern deswegen sogar Lebensgemeinschaften und im Beruf haben sich unzählige Mitarbeiter aufgrund von negativen Konflikterlebnissen bereits seit Jahren innerlich vom Unternehmen verabschiedet.

Meine Erfahrung aus unzähligen Seminaren, Gesprächen und Coachings ist, dass bisher sowohl in der Wirtschaft als auch im privaten Bereich eine positive Konfliktkultur fehlt. Kaum jemand lernt in der Schule, während der Ausbildung oder im Studium, mit Konflikten konstruktiv umzugehen.

Bereits in der Schule stehen Leistung und Erfolg im Mittelpunkt. Es geht darum, zielorientiert, effizient und durchsetzungsstark zu sein. Und wenn man diese Ideale nicht erfüllen kann, wird zumindest Anpassungsfähigkeit und Flexibilität gefordert. Das führt zu zwei gegensätzlichen Verhaltensstilen: Die einen setzen sich durch und die anderen nehmen es hin.

Beide Wege sind aber unbefriedigend, auch wenn das Durchsetzen können oft als besser bewertet wird. Wer sich auf Kosten anderer durchsetzt, empfindet das als schmerzhaft. Wir sind soziale Wesen, die unser Gegenüber wahrnehmen und mitfühlen. Das kann anders wirken, da dieser Schmerz oft hinter einem Schild von Professionalität und Gleichgültigkeit getarnt wird. Daher können das Teilnehmer in meinen Trainings manchmal kaum glauben. Die Rücksichtslosen können durchaus ein Bild von Zufriedenheit und Freude am Erfolg vermitteln. Ich frage dann immer andersherum: Wenn jemand wirklich glücklich, erfüllt und entspannt ist, warum sollte er dann rücksichtslos andere unterdrücken wollen? Wer wirklich zufrieden ist und gut kommunizieren kann, braucht dieses Verhalten, welches auf Angst und Mangel beruht, nicht. Außerdem ist der Preis für dieses Verhalten hoch: Dem Rücksichtslosen fehlt nicht nur die positive Verbindung zu seinen Mitmenschen – in der Folge fehlen ihm auch Informationen, die vermutlich zu einem erfolgreicheren Weg geführt hätten. Ein dominanter, wenig wertschätzender Chef wird selten Einwände zu seinem Vorgehen hören. – Auch wenn diese das ganze Projekt erfolgreicher gemacht hätten!

Fakt ist: Wir Menschen fühlen uns nicht nur am wohlsten, wenn wir in einem positiven Kontakt mit unseren Mitmenschen sind. Es ist auch der beste Weg, wirklich erfolgreich zu sein.

Wie kommen wir also zu der positiven Konfliktkultur, die wir so sehr benötigen?

Tatsächlich gibt es schon sehr viele hilfreiche Ansätze. Die ›gewaltfreie Kommunikation‹ des Psychologen Dr. Marshall Rosenberg sowie die Denkschule der Transaktionsanalyse des Hamburger Psychologieprofessors Friedemann Schulz von Thun bieten sehr gute Wege zur Konfliktlösung. Auch Experten wie Glasl, Birkenbihl, Watzlawick, Berkel und unzählige andere sowie ganze Forschungsrichtungen wie zum Beispiel die Neuropsychologie und Sozialpsychologie bieten uns wundervolle Ansätze.

Wenn man sich in Trainings, Therapie oder Coachings Zeit dafür nimmt, sind Konflikte leicht zu lösen. Die Herausforderung liegt im Alltag: Wie können wir ohne langjährige Schulung oder umfangreiches Bücherstudium die Fülle der hilfreichen Erkenntnisse und Ansätze für uns nutzen?

Für den Einsatz in der Unternehmenspraxis sowie im privaten Alltag habe ich die 5-Punkte-Methode entwickelt. Sie besteht aus den Punkten, welche sich in jahrelanger Trainingspraxis immer wieder als die Dreh- und Angelpunkte der Konfliktlösung herausgestellt haben. Das Beste aus umfangreicher Theorie und langjähriger Erprobung ist in dieser Methode zusammengefasst. Sie funktioniert. – Bei konsequenter Anwendung auch mit unserem ärgsten Unternehmensfeind oder bei dem Hauptstreitpunkt mit unserem Lebenspartner. (Natürlich sind für solche Extremsituationen Übung, ein paar grundsätzliche Erkenntnisse und vielleicht ein Zettel zum Entlanghangeln hilfreich. Dafür werden Sie eine Fülle von Anregungen und Tipps sowie Kopiervorlagen in diesem Buch finden.)

Falls Sie die gewaltfreie Kommunikation nach Rosenberg kennen, werden Sie Überschneidungen mit der 5-Punkte-Methode bemerken (Rosenberg 2012). Diese sind bewusst gewählt. Auch Erkenntnisse aus anderen Ansätzen wie der Sozialpsychologie oder Neurobiologie könnten Ihnen bekannt vorkommen. Die 5-Punkte-Methode ist ein komprimiertes und vereinfachtes Modell verschiedener Ansätze zur Konfliktlösung.

Sie können sie als Checkliste benutzen, um an alles Wesentliche zu denken. Wenn Sie die 5-Punkte-Methode anwenden, entwickeln Sie nicht nur ein umfassendes Verständnis der Situation, Sie erstellen ganz nebenbei auch einen guten Einstieg für das Gespräch und einen Gesprächsleitfaden! Wie das geht, erfahren Sie gleich.

In den weiteren Kapiteln dieses Buches bekommen Sie noch eine Fülle an Tipps, Vorbereitungs- und Lösungsmöglichkeiten an die Hand, die Ihnen die Veränderung Ihrer Situation noch leichter machen wird.

Damit Sie sich erst einmal einen Überblick verschaffen können, finden Sie auf Seite 19 als Erstes eine Box mit den 5 Punkten. Anschließend wird jeder Punkt mit seinen spannenden Zusammenhängen erklärt. Am Ende jeden Abschnittes habe ich das Wesentliche unter der Überschrift *Kompakt* für Sie zusammengefasst.

Wenn Sie sich gleich die 5 Punkte anschauen, fragen Sie sich vielleicht, warum die 5 Punkte diese Reihenfolge haben.

Ich werde immer wieder gefragt, wo man eigentlich anfangen soll. Aus jahrelanger Erfahrung habe ich gelernt, dass es sich sehr lohnt, mit der Wertschätzung zu beginnen. Das irritiert Teilnehmer in meinen Trainings immer wieder. In dem Moment, in dem wir einen Konflikt lösen wollen, sind wir oft wütend. Wertschätzung ist meist das Letzte, was uns einfällt. Es ist aber eine Sache, an der kein Weg vorbeiführt. Um unsere Situation realistisch sehen zu können, müssen wir uns der Frage »Was schätze ich an meinem Gegenüber?« stellen. Das hat nichts mit rosa Wattebäuschen und Kuschel-Psychologie zu tun. In der Wut und Verärgerung des Augenblicks denken wir nicht klar. Und wer nicht klar denkt, kann auch nicht vernünftig Verhandeln oder Lösungen finden. Einen Schritt zurückzutreten und auch die positiven Seiten wieder zu entdecken, macht uns eine vernünftige Wahrnehmung der Situation erst (wieder) möglich. Und dieser Punkt hat noch weitere positive Nebeneffekte – aber das finden Sie gleich im ersten Unterkapitel *Wertschätzung* auf Seite 20.

Die weiteren Punkte der 5-Punkte-Methode helfen Ihnen, Ihre Situation nüchtern zu beschreiben, sich Ihrer eigenen Reaktionen bewusster zu werden, sich auf eine positive Lösung zu konzentrieren und zielführend zu handeln. Das ist nicht alles ganz so einfach, wie es auf den ersten Blick vielleicht scheinen mag. Aber es lohnt sich ungemein, sich diesen Punkten zu stellen. Denn wenn wir einen Konflikt gelöst haben, fällt uns (und unserem Gegenüber!) meist nicht nur ein Stein vom Herzen – wir fühlen uns auch insgesamt deutlich wohler und haben wieder mehr Zeit und Energie für angenehmere Themen.

Beginnen wir am besten jetzt mit dem Überblick:

Die 5-Punkte-Methode zur Konfliktlösung

1. Wertschätzung

Was schätze ich an meinem Konfliktpartner?
Was könnte mein Konfliktpartner an mir schätzen?

2. Fakten

Was ist objektiv geschehen?

3. Eigene Reaktion auf die Fakten

Wie fühle ich mich jetzt in dieser Situation meinem Konfliktpartner gegenüber?
Welche Bedürfnisse stecken dahinter?

4. Perspektive

Was will ich in Zukunft mit dieser Person erleben?

5. Aktion

Was kann ich anders machen?
Habe ich einen Wunsch an meinen Konfliktpartner?

1.1 Wertschätzung

Was schätze ich an meinem Konfliktpartner?

Welche positiven Seiten hat Ihr Konfliktpartner? Was bewundern Sie vielleicht sogar an ihm? Welche Verhaltensweisen von ihm finden Sie angenehm, sinnvoll oder erfreulich?

Es mag Sie überraschen, dass ich gerade jetzt, wo Sie vielleicht sehr wütend und verletzt sind, diese Frage stelle. Sie dürfen weiterhin fühlen, was Sie fühlen. Stellen Sie neben Ihre vielleicht sehr negativen Gefühle diese Frage: **»Warum ist Ihnen diese Person eine Auseinandersetzung wert?«**

Meiner Erfahrung nach ist der Gesprächseinstieg bei einem Konflikt viel leichter und zielführender, wenn wir der anderen Person sagen können, warum wir sie schätzen und warum sie es uns wert ist, gemeinsam eine Lösung zu finden.

Wir legen damit die Motivation für das Konfliktgespräch offen. Unser Gegenüber kann sich dadurch während der folgenden Lösungsfindung sicherer fühlen. Ihm ist klar, das wir neben den Verfehlungen oder dem vielleicht einfach ärgerlichen Missverständnis auch seine positiven Seiten sehen.

Abbildung 1: Zeigen wir unserem Gegenüber als Erstes unsere Wertschätzung, ist der weitere Gesprächsverlauf viel einfacher!

Beispiele für einen gelungenen Gesprächsbeginn

»Sie sind ein sehr fähiger Informatiker und für dieses Unternehmen sehr wichtig. Auf Ihre Einschätzung kann ich mich immer verlassen. Daher möchte ich mit Ihnen über einen Punkt sprechen, der mir in der letzten Woche etwas Sorgen bereitet hat.« Anstatt: »Herr Müller, wie konnten Sie das machen? Darüber müssen wir sprechen! So können Sie doch nicht handeln …«

»Als Freundin schätze ich dich sehr. Ich bin froh, dass ich mit dir über alles reden kann. Und ich freue mich immer auf unsere gemeinsame Mittagspause am Dienstag. Daher ist es mir sehr wichtig, eine Sache anzusprechen, die mir in den letzten Tagen etwas Bauchschmerzen bereitet hat.« Anstatt: »Tina, warum hast du das gemacht? Ist dir eigentlich klar, wie wütend ich deswegen bin?!«

Unser Gehirn hilft uns beim Ärgern

In Konfliktsituationen neigen Menschen schnell dazu, einen Tunnelblick zu entwickeln. Wir ärgern uns über unser Gegenüber und sofort fallen uns all' die anderen Dinge ein, die wir an ihm oder ihr noch nie mochten. Wir denken an Dinge wie:»Und außerdem hat sie doch letztens diesen doppeldeutigen Kommentar fallen lassen! Allein schon ihr intensives Parfüm ist eine Belästigung!« – »Er wusste doch, dass er mich sehr entlastet hätte, wenn er das Projekt früher abgegeben hätte! Und gegrüßt hat er mich letztens im Parkhaus auch nicht!«

Das liegt an der Art, wie unser Gehirn vernetzt ist. Wenn wir in einer bestimmten Stimmung sind, erinnern wir uns besonders leicht an Erfahrungen, welche wir in dieser Stimmung gemacht haben. Das bedeutet im Alltag, dass wir uns in unserer Wut vor allem an weitere Ärgernisse mit dieser Person erinnern. Im Positiven gilt das natürlich genauso!

Ich denke mir, Wissen macht frei:

TIPP   **Wenn wir uns das nächste Mal dabei erwischen, wie wir unser Gegenüber ganz besonders anstrengend finden (eine Person, die wir sonst vielleicht schätzen), können wir uns daran erinnern, dass das eine neurologische Eigenheit von Menschen an sich ist. Statt uns also zu wundern, warum wir mit einer so akut furchtbar wirkenden Person zu tun haben, wissen wir, dass das gerade eine Verzerrung der Realität in unseren Gedanken ist. Und das Beste ist: Wir haben die Macht diese wieder aufzulösen. Wir müssen uns nur auf die Schokoladenseiten unseres Gegenübers konzentrieren.**

Die Frage »Was schätze ich an meinem Konfliktpartner?« ist also sehr wichtig, um unseren Konfliktpartner wieder realistischer zu sehen. Ja, manches ist vielleicht schwierig mit dieser Person, aber anderes ist vielleicht auch wunderbar! Wir haben diesen Mitarbeiter, diese Freundin oder diesen Partner doch nicht gewählt, weil wir uns gerne ständig ärgern! Die bewusste Entscheidung, positive Seiten einer Person zu finden, befreit uns von dem Tunnelblick und lässt uns die Situation wieder umfassender wahrnehmen. Und dann fällt es uns auch wieder leichter, unser Gegenüber insgesamt zu respektieren.

Gehen wir anschließend mit einer inneren Haltung von Respekt und Wertschätzung in das Konfliktgespräch, ist die weitere Klärung oft leicht.

Es kann sein, dass Sie mit Ihrem Konfliktpartner zusammenarbeiten müssen. Dann haben Sie eventuell das Gefühl, dass Sie gar nicht selbst entscheiden können, ob er oder sie Ihnen eine Auseinandersetzung wert ist.

Überlegen Sie sich trotzdem, welche positiven persönlichen Anreize eine Klärung für Sie hätte. Es könnten ein positives Arbeitsklima, klare Verhältnisse oder verbesserte Arbeitsabläufe sein. Wenn Sie mit etwas Geduld schauen, können Sie vielleicht auch entdecken, dass Ihr Gegenüber doch positive Seiten hat – auch wenn Sie sich auseinandersetzen müssen. Und das Müssen ist auch hier relativ. Sie könnten sich einen neuen Arbeitgeber oder Mitarbeiter suchen. Sie könnten den Konflikt auch weiter eskalieren lassen. Aber wäre es nicht angenehmer, das Thema wäre vom Tisch?

Überlegen Sie sich immer, welche positive Motivation Sie für eine Klärung haben. Wenn wir uns bewusst für ein Konfliktgespräch entscheiden, weil wir es *wollen* (und nicht nur müssen) gehen wir mit einer Haltung der Selbstbestimmung, anstatt der Haltung eines unwilligen Opfers in das Gespräch. So wirken wir klarer, positiver und selbstbewusster und eine Lösung wird deutlich wahrscheinlicher!

Und ganz ehrlich: Wir würden doch auch lieber von jemandem auf einen Konflikt angesprochen werden, der sich bewusst für eine Aussprache entschieden hat, als von jemandem, der uns den Eindruck vermittelt, er wäre dazu gezwungen, oder?

Bitte keine Schaumschlägerei!

Bei diesem Punkt ist es (wie immer) wichtig, dass wir ehrlich sind. Es geht nicht darum, schnell irgendetwas beliebig Positives zu sagen, um unser Gegenüber zu manipulieren und gefügig zu machen. Es geht darum, dass wir uns wirklich ehrlich überlegen, was wir an unserem Gegenüber schätzen. Wenn wir uns der positiven Seiten unseres Konfliktpartners bewusst sind, spüren wir auch leichter eine Verbindung zu diesem. Und eine positive Verbindung ist eine wirklich hilfreiche Grundsituation. Es fällt uns so nicht nur leichter, klare und freundliche Worte zu finden – unsere ganze Körpersprache signalisiert unsere Einstellung. So wird unser Konfliktpartner nicht nur verbindendere Worte hören, er wird auch – oft unbewusst – unsere Körpersprache deuten und daher unseren Worten glauben. Schöne Worte allein bei negativer innerer Einstellung erzeugen nur berechtigtes Misstrauen. Daher lohnt es sich immer, mit einer klaren und positiven Haltung in ein Gespräch zu gehen.

Der Saurier und das Blumenpflücken

In meinen Trainings erlebe ich häufig, dass es in der ersten Phase der akuten Wut schwierig ist, etwas Positives am Gegenüber zu finden. In dem Fall sind wir ohnehin noch nicht in der Lage, ein konstruktives Konfliktgespräch zu führen. Dann ist es erst einmal sinnvoll, Abstand zu gewinnen und sich zu entspannen. Solange wir emotional aufgewühlt sind, funktioniert unser Großhirn – und somit das bewusste Denken – ohnehin nicht besonders gut. Wenn wir uns sehr gestresst oder bedroht fühlen, laufen die Jahrtausende alten Programme von Kampf, Flucht oder tot stellen ab. Rein körperlich gesehen reagieren wir bei einem heftigen Bürokonflikt genauso, als müssten wir gerade vor einem Dinosaurier fliehen. Somit wird vor allem der Teil des Gehirns (das Stammhirn) aktiv, welcher nur das Überleben zum Ziel hat. Und der sorgt unter anderem dafür, dass vor allem unsere Muskeln durchblutet werden. Wenn wir also in einem akuten Konflikt starken Stress erleben, ist es eher unwahrscheinlich, dass wir kreative Problemlösungen und verbindende Worte finden. Ich stelle mir das immer so vor: Wenn unser Körper gerade biologisch gesehen genauso reagiert, als würden wir vor einem Dinosaurier fliehen, kommen wir auch nicht auf die Idee, unterwegs ein paar hübsche Blumen zu pflücken. Damit wir also überhaupt mit dem passenden Teil unseres Gehirns denken können (Durchblutung und die richtigen Hormone im System helfen da ungemein!), ist Entspannung unerlässlich. Die persönlichen Vorlieben zum Entspannen reichen von einer tiefen Bauchatmung über Druck ablassen per Telefon bis über einen Spaziergang ... (Weitere Tipps zum Entspannen finden Sie auch im Kapitel *Vorbereitung des Konfliktgesprächs* ab Seite 59.) Was hilft Ihnen, Abstand zu gewinnen und sich zu entspannen? Wenn wir uns beruhigt haben, ist es viel leichter, positive Seiten an unserem Gegenüber zu entdecken (und ein paar Blumen pflücken zu gehen). Und falls das gerade immer noch schwierig ist: Sprechen Sie mit jemanden darüber, der die Person ebenfalls kennt. Und falls Sie lieber mit Außenstehenden sprechen möchten – auch das ist oft hilfreich. Manchmal fallen Unbeteiligten positive Seiten einer Person schneller auf, auch wenn sie die betreffende Person nur aus Erzählungen kennen.

Wie auch immer Sie zu Antworten kommen – es lohnt sich, diese zu finden!

KOMPAKT **Wenn Sie ein Konfliktgespräch beginnen, seien Sie sich im Klaren darüber, was Sie an dem anderen schätzen. Sagen Sie dies Ihrem Gegenüber am Anfang deutlich, bevor Sie die konkrete Konfliktsituation ansprechen.**

Was könnte mein Konfliktpartner an mir schätzen?

Wenn wir selber den Konfliktpartner zu negativ sehen, glauben wir unbewusst meist auch, dass es ihm oder ihr genauso geht. Wir reagieren auf Kleinigkeiten schnell empfindlich. Oft sind das sogar Situationen, die uns sonst nicht gestört hätten. Weil es leicht passiert, dass wir unseren Konfliktpartner in unserer Wut abwerten, erwarten wir dasselbe von ihm. Und wenn wir glauben, dass uns unser Gegenüber nicht (genug) schätzt, ärgern wir uns auch leicht weiter. Sie sehen schon: So können wir den Konflikt in uns erfolgreich aufrechterhalten! Wenn uns das bewusst wird, können wir handeln und diesen Kreislauf unterbrechen. Vielleicht sieht uns unser Konfliktpartner gar nicht so negativ, wie wir gerade befürchten. Vielleicht war tatsächlich ein großer Teil des ganzen Konfliktes ein Missverständnis. Und vielleicht schätzt er Sie sehr! Vielleicht ist er sehr erleichtert, wenn er endlich wieder offen und freundschaftlich mit Ihnen sprechen kann!

Der Rüpel mit dem Hammer

Kennen Sie die Geschichte von dem berühmten Kommunikationspsychologen Paul Watzlawick, in welcher sich ein Mann einen Hammer von seinem Nachbarn ausborgen möchte? Bevor er seinen Nachbar anspricht, kommt ihm der Gedanke, dass der Nachbar ihm die Bitte auch abschlagen könnte. Dieser Gedanke wirkt wie ein kleiner Schneeball, der eine Lawine auslöst. Denn als Nächstes kommt dem Mann in den Sinn, dass das letzte Grüßen des Nachbarn eher flüchtig war. Ihm fallen immer mehr Zusammenhänge ein, die ›beweisen‹, dass sein Nachbar ihn nicht mögen könnte. So steigert er sich immer weiter in eine mögliche negative Sichtweise seines Nachbarn hinein. Als er ihn das nächste Mal sieht, wirft er ihm nur noch folgenden Satz an den Kopf: »Behalten Sie Ihren Hammer, Sie Rüpel!« (Watzlawick 2000)

Hier haben wir ein wundervolles Beispiel dafür, wie folgenreich unsere Einschätzung sein kann, ob unser Gegenüber uns wohlgesonnen ist. Und Sie erinnern sich sicher an den Punkt mit den stimmungsbedingten Verknüpfungen unseres Gehirns. Der Mann erinnert sich nicht nur an das fragliche Grüßen des Nachbarn, seine assoziativen Verknüpfen gehen über die Erinnerungen hinaus und er wird sogar sehr kreativ. So lustig das als Geschichte klingt – diese Fähigkeit haben wir alle!

Wenn Sie wissen, was Sie an Ihrem Gegenüber schätzen und sich auch vorstellen können, was er an Ihnen schätzen kann, können Sie sich gleichberechtigt und positiv begegnen. So ist ein Gespräch auf gleicher Augenhöhe möglich. Ihre Vermutung, was Ihr Konfliktpartner an Ihnen schätzen könnte, ist wichtig für Ihre eigene Reflexion. Deshalb fragen Sie sich: Hat ihr Konfliktpartner einmal etwas Nettes über Sie gesagt? Was könnte er oder sie an Ihnen schätzen? – Vielleicht sogar bewundern?

Abbildung 2: Ist uns bewusst, was unser Gegenüber an uns schätzen könnte, können wir uns auf Augenhöhe begegnen

Noch ein kleiner Hinweis am Ende: Wenn Sie die 5-Punkte-Methode im Konfliktgespräch als Gesprächsleitfaden nutzen, lassen Sie Ihre Antwort auf die Frage »Was könnte mein Konfliktpartner an mir schätzen?« weg. Sagen Sie Ihrem Gegenüber nur, was Sie an ihm schätzen. Die Frage »Was könnte mein Konfliktpartner an mir schätzen?« ist nur für Ihre eigene gute innere Ausrichtung gedacht.

KOMPAKT **Bevor Sie sich mit Ihrem Gegenüber auseinandersetzen, machen Sie sich bewusst, was er oder sie an Ihnen schätzen könnte. So können Sie eine positive innere Haltung aufbauen und sich auf eine wertschätzende Begegnung einstimmen. Diesen Schritt machen Sie nur für sich selbst.**

1.2 Fakten

Was ist objektiv geschehen?

Um einen Konflikt erfolgreich zu lösen, ist es hilfreich, eine gemeinsame Faktenbasis für das Gespräch zu schaffen. Das funktioniert nur, wenn die Darstellung der Situation möglichst neutral ist, sodass das Gegenüber daran anknüpfen kann. Wenn die Darstellung zu subjektiv gefärbt ist, besteht die Gefahr, dass das Gegenüber sich sofort gegen die Darstellung wehrt. Natürlich schauen wir nur aus unseren Augen und nehmen die Situation nur aus unserer Perspektive und auf unsere Weise wahr. Versuchen Sie dennoch, die Situation so neutral wie möglich zu beschreiben. Was können Sie ohne jede Interpretation wahrnehmen? Was hätte eine Kamera wirklich aufnehmen können? Wer war beteiligt? Welche Rahmenbedingungen waren wichtig?

Abbildung 3: Was ist objektiv passiert? Das Bild einer Kamera hilft, die eigene Situation ohne Interpretation zu beschreiben

Beispiel für eine objektive Situationsbeschreibung

Frau Schulze hatte sich mit ihrem Kollegen Herrn Müller für eine Bespre-chung verabredet. Zu Beginn reagiert sie bereits verärgert: »Sie kamen zu spät und haben mich dann auch noch so genervt angeschaut, als hätten Sie gar keine Lust, das mit mir zu besprechen!«

Eine Kamera hätte Folgendes aufgenommen: Herr Müller kam um 10:15 Uhr in den Raum. Die Mundwinkel waren nach unten gerichtet und die Stirn lag in Falten. Er blickte zu Frau Schulze herüber, als er Platz nahm.

Wenn Sie bei der Beschreibung der Situation Ihre Interpretation ein-bringen möchten, um Ihre Situation umfassend zu beschreiben, dann machen Sie eine Ich-Aussage.

Beispiel für eine objektive Situationsbeschreibung, ergänzt um eine Ich-Aussage

»Sie sind 15 Minuten nach der vereinbarten Zeit gekommen und ich hatte den Eindruck, dass Sie genervt waren. Daraus habe ich geschlossen, dass Sie kein Interesse daran hatten, die Themen mit mir zu besprechen.«

Wenn Sie eine Ich-Botschaft verwenden, ist es für Ihr Gegenüber leichter, die Interpretation richtig zu stellen. Herr Müller antwortet dann viel-leicht: »Frau Schulze, ich habe erst im Stau gestanden und dann keinen Parkplatz gefunden. Daher kam ich zu spät und war auch genervt. Aber mit den Themen oder Ihnen hatte das nichts zu tun.«

Das Thema Ich-Aussagen ist nicht nur bei Schritt zwei, den Fakten der 5-Punkte-Methode, sehr hilfreich. Daher werden wir es im Kapitel 2 *Vorbereitung des Konfliktgesprächs* ab Seite 59 noch einmal vertiefen.

Eine Alternative zum Einbringen der eigenen Interpretation ist das Stellen einer Frage. Statt zu sagen *»Ich hatte den Eindruck, dass Sie genervt waren. Daraus habe ich geschlossen, dass Sie kein Interesse daran hatten, die Themen mit mir zu besprechen«*, können wir auch fragen *»Wie stehen Sie gerade zu den Themen? Haben Sie jetzt Zeit dafür oder steht vielleicht aktuell etwas anderes im Vordergrund?«*

Dabei muss man allerdings sehr aufpassen, dass es wirklich eine offene Frage ist und nicht nach einer Suggestiv-Frage klingt. Eine Suggestiv-Frage unterstellt mithilfe der Betonung unserem Gegenüber, es wäre so gewesen, wie wir fragen. Die Frage klingt also wie eine Aussage – und dabei oft etwas aggressiv. Das ist keine klare Kommunikation und wenig hilfreich. Wenn Sie unsicher sind, bleiben Sie lieber bei der Ich-Botschaft. Die Frage ist nur eine Alternative, wenn wir uns wirklich gut fühlen und innerlich (wieder) eine positive Grundhaltung haben.

Es ist wichtig, dass wir jede Art von Verallgemeinerung weglassen. Wenn jemand zu Herrn Müller sagt: *»Immer kommen Sie zu spät!«* – ist es sehr wahrscheinlich, dass Herr Müller auf einen Termin verweisen kann, an dem er pünktlich war. Verallgemeinerungen sind meistens nicht objektiv wahr und laden zur Gegenwehr ein. Besser ist die Formulierung: *»Mir ist aufgefallen, dass Sie Montag, Mittwoch und Donnerstag mindestens 15 Minuten zu spät zur Besprechung gekommen sind.«*

Oft sind die Situationen komplexer als diese. Und bei genauerem Sortieren der Fakten kann sich das Problem bereits lösen. Es geschieht bei dieser Frage immer wieder, dass Trainingsteilnehmer sagen: *»Wenn ich mich wirklich auf die Fakten beschränke, könnte es tatsächlich sein, dass mein Gegenüber gar nicht richtig informiert war.«* Und schon ist der Konflikt nur noch ein Missverständnis und kann schnell geklärt werden.

Unterscheiden Sie bei einer Konfliktsituation ganz klar zwischen dem, was von außen faktisch erkennbar passiert ist und dem, was Sie subjektiv wahrgenommen haben. Trennen Sie in der Darstellung der Situation diese beiden Ebenen voneinander. Zuerst beschreiben Sie die reinen Fakten. Anschließend können Sie diese ergänzen, indem Sie Ihre Interpretationen in Form von Ich-Botschaften mitteilen. Vermeiden Sie Verallgemeinerungen.

1.3 Eigene Reaktion auf die Fakten

Wie fühle ich mich jetzt in dieser Situation meinem Konfliktpartner gegenüber?

Je genauer wir über unsere Gefühle in einer Situation Bescheid wissen, desto bewusster können wir handeln. Und je bewusster wir handeln, desto machtvoller sind wir. Das kennt jeder: Ein wütender Mensch mit hochrotem Kopf ist üblicherweise nicht in der Lage zu überlegen, welcher Schritt als Nächstes vernünftig ist. Und der gebrüllte Satz: »Ich bin nicht wütend!« ist auch wenig überzeugend. Dieser wütende Mensch fühlt sich meist sehr machtlos und ist in der Tat in keiner guten Handlungsposition.

Der erste Schritt hier ist, sich seiner Gefühle bewusst zu werden. Wenn ich bemerke, dass ich wütend bin, kann ich bereits damit umgehen. Ich kann mir bewusst eine Auszeit nehmen – und sei es der kurze Toilettengang –, innerlich von 10 bis 1 zählen oder andere Techniken verwenden, um mich wieder zu beruhigen. Kurz-Entspannungstechniken sind in Konflikten unerlässlich. (Daher werden wir dieses Thema in Kapitel 2 ab Seite 59 auch noch etwas vertiefen.) Wenn ich mich entspanne, komme ich aus meiner Hilflosigkeit heraus und kann sinnvoll handeln.

Abbildung 4:
Wenn wir uns unserer eigenen Reaktionen bewusst sind, können wir zielführend mit diesen umgehen

Und es geht hier um mehr als einen zielführenden Umgang mit unseren Gefühlen. Unsere Gefühle sind auch ein zentraler Hinweis darauf, welche wichtigen Bedürfnisse hinter dem Konflikt stehen. Das Thema Bedürfnisse schauen wir uns später noch genauer an. Jetzt bleiben wir erst einmal bei den Gefühlen, die im Wesentlichen aus zwei Ausgangssituationen entstehen: Entweder unsere Bedürfnisse sind erfüllt oder sie sind nicht erfüllt. Je nachdem, reagieren wir mit ganz unterschiedlichen Gefühlen. Hier habe ich einige Beispiele für Sie zusammengestellt.

Beispiele für Gefühle, wenn unsere Bedürfnisse erfüllt sind
glücklich, dankbar, freudig, heiter, akzeptierend, verbunden, stolz, froh, ausgeglichen, inspiriert, kraftvoll, lebendig, leicht, motiviert, ruhig, vergnügt, neugierig, munter, strahlend, präsent, optimistisch, zufrieden, zuversichtlich, selbstsicher, tolerant, warm ums Herz, locker, begeistert, lustig, schwungvoll, kontaktfreudig, sicher, frei

In Konfliktsituationen gibt es allerdings meistens unerfüllte Wünsche und Bedürfnisse.

Beispiele für Gefühle, wenn unsere Bedürfnisse *nicht* erfüllt sind
wütend, ärgerlich, hilflos, traurig, ängstlich, einsam, allein, minderwertig, unfähig, inkompetent, sorgenvoll, sauer, ungeduldig, nervös, schmerzerfüllt, aufgewühlt, irritiert, eifersüchtig, neidisch, schuldig, bedrückt, verloren, furchtsam, krank, schüchtern, frustriert, müde, erschöpft, angespannt, besorgt, unsicher, ruhelos, nutzlos, verletzlich, verzweifelt, unzufrieden

Es gibt noch sehr viele weitere Gefühlsworte. Und in einigen Konfliktlösungsansätzen wird viel Wert darauf gelegt, die eigene Gefühlslage genau zu beschreiben. In meiner Therapieausbildung habe ich gelernt, dass es vor allem drei grundlegende negative Gefühle gibt: Trauer, Angst und Wut.

Exkurs: Tief nachgespürt

Aus meiner eigenen Erfahrung und derer vieler meiner Coaching-Klienten würde ich sogar noch einen Schritt weitergehen: Hinter Wut und Angst steckt bei tieferem Hineinfühlen meist nur noch Trauer. Wut und Angst haben die Funktion, dass wir diese Trauer (in Verbindung mit etwas, das uns schmerzt) nicht fühlen. Die gute Nachricht ist: Wenn wir die Trauer zulassen können, verändert sich unser Gefühlserleben wiederum. Was betrauert ist, können wir wieder annehmen. Und was wir (wieder) annehmen können, lieben wir.

Gefühlsworte im Alltag

Im Alltag macht es durchaus Sinn, erst einmal das anzusprechen, was wir in diesem Moment in uns wahrnehmen. Und das ist nicht selten die Wut oder der Ärger über eine Situation.

Die Beschäftigung mit einer genaueren Gefühlssprache kann zwar auch durchaus hilfreich sein, ich habe aber im Trainingsalltag die Erfahrung gemacht, dass diese hier dargestellte kurze Liste für Alltagskonflikte oft ausreicht. (Wenn Sie dieses Thema aber für sich vertiefen möchten, finden Sie in Rosenbergs Buch *Gewaltfreie Kommunikation: Eine Sprache des Lebens* eine umfangreiche Liste.)

Im Businesskontext werden bestimmte Gefühlsworte als unpassend wahrgenommen. Hier kann man sich leicht helfen, in dem man nach Alternativen sucht, die einem leichter über die Lippen gehen, aber trotzdem wahr sind. Ich empfehle zum Beispiel im geschäftlichen Kontext statt ›ich habe Angst‹ eher ›ich mache mir Sorgen‹ zu sagen. Man kann Worten auch die Härte nehmen, indem man statt ›ich bin wütend‹ lieber ›ich bin ärgerlich‹ sagt. Authentizität ist allerdings sehr wichtig. Falls Sie merken, wie Ihre Schläfe pocht und sich Ihre Hand in der Tasche wie von selbst zur Faust ballt, würde ich doch bei ›ich bin wütend‹ bleiben!

TIPP

Wenn Sie nach den Gefühlen suchen, die Sie in dieser Situation haben, versuchen Sie möglichst mehrere zu finden. Üblicherweise sind wir nicht nur wütend. Wir sind zum Beispiel wütend, weil wir uns in der Situation hilflos fühlen. Wir sind aber auch ärgerlich, weil wir uns

nicht gerne verletzlich sehen. Und daneben ist manchmal doch auch Mitgefühl oder Sympathie für unser Gegenüber da – trotz allem Ärger! Wenn wir uns mehrerer Gefühle bewusst sind, ist unsere Wahrnehmung der Situation umfassender und wir nehmen mehr von der gesamten Realität wahr. Das erleichtert den weiteren Konfliktlösungsprozess sehr!

Unsere Gefühle, unsere Verantwortung – unsere Freiheit!

Wissen wir nun über unsere Gefühle Bescheid, können wir noch Folgendes bedenken: Gefühle sind etwas, das in uns ist und wofür nur wir verantwortlich sind.

Drei unterschiedliche Menschen reagieren auf ein und dieselbe Situation völlig unterschiedlich. Wie kommt das? Unsere Reaktion entsteht immer aus unserer persönlichen Geschichte, unserer Lebenshaltung, unserer aktuellen Verfassung und allem, was zu uns gehört. Für welche Bedürfnisse wir gerade eine Erfüllung brauchen, liegt ins uns. Ob wir bei einem pöbelnden Jugendlichen in der U-Bahn wütend werden und daraufhin zurückpöbeln oder uns denken: »Der arme Kerl hat es wohl nicht weit gebracht und ist gerade offensichtlich nicht glücklich mit seiner Situation« und Mitleid haben oder denken: »Wow, ich würde auch gerne mal so laut meinen Ärger rauslassen! Der traut sich ja was!« ist unsere Verantwortung. Vielleicht mussten wir als Jugendliche hart arbeiten und uns viel unterordnen, da weder unser Chef noch unsere Eltern so ein Verhalten hätten durchgehen lassen. Vielleicht würden wir auch gerne mal laut unsere Meinung sagen, erlauben es uns aber aus Rücksichtnahme oder Schüchternheit nicht. Und weil wir unser Bedürfnis nach Authentizität und ehrlicher Kommunikation nicht erfüllen, ärgert es uns, wenn sich jemand anderes das Recht dazu nimmt.

Was auch immer der in uns liegende Grund sein mag – dieser und nicht unser Gegenüber entscheidet über unsere Reaktion. Oft geschieht das unbewusst. Wenn wir mit einer Situation konfrontiert sind, scheinen unsere Gefühle sofort da zu sein. Tatsächlich gehen Gefühlen aber immer Gedanken voraus.

Die Abfolge ist üblicherweise so: Uns begegnet eine Situation (zum Beispiel der pöbelnde Jugendliche). Auf der Grundlage unserer Geschichte, unserer Lebenshaltung, unserer aktuellen Verfassung und allem, was zu uns gehört, formulieren wir Gedanken zu dieser Situation. Und je nachdem, was das für Gedanken sind, entstehen als Reaktionen auf diese Gefühle. Auf negative Gedanken folgen negative Gefühle.

Das bedeutet auch, dass nur wir wissen oder herausfinden können, warum wir diese Gefühle haben. Wenn wir negativ auf eine Situation reagieren, lohnt es sich sehr, sich die Zwischenschritte, welche zu den unangenehmen Gefühlen geführt haben, bewusst zu machen. Warum haben wir uns geärgert? Was genau ärgert uns hier eigentlich wirklich? Ärgern wir uns, weil wir (bei diesem Beispiel) in Wahrheit auch gerne einmal laut sein würden? Fantastisch! Wenn Sie entdeckt haben, was bei Ihnen dahintersteckt, können Sie Möglichkeiten der Erfüllung Ihres Wunsches suchen. Bei dem Beispiel des pöbelnden Jugendlichen und dem Wunsch, einmal ungehemmt laut sein zu wollen, gibt es so viele Möglichkeiten! Es gibt Menschen, die an ungestörte Orte gehen, um einfach einmal zu brüllen. Manche probieren das in Workshops. Und es gibt viele weitere Möglichkeiten.

Wenn wir wissen, warum wir mit negativen Gefühlen reagieren, können wir schauen, ob wir uns einen Wunsch erfüllen können. Und nebenbei gibt es dann in Zukunft weniger Situationen, die uns ärgern. Was für eine Freiheit!
Situationen, die negative Gefühle in uns auslösen, können spannende Hinweise auf große neue Freiheiten und Freuden enthalten!

Vielleicht sagen Sie, dass nicht immer so positive Wünsche hinter Gefühlen stehen. Wir schauen uns das noch grundsätzlicher auf Seite 44 im Abschnitt *Welche Bedürfnisse stecken dahinter?* an.

Entspannt bleiben mit der Frage: Was ist eigentlich bei meinem Gegenüber los?

Eine weitere Möglichkeit, in schwierigen Situationen leichter entspannt zu bleiben, ist der Fokus auf unser Gegenüber. Statt uns zu fragen, warum wir in einer bestimmten Weise reagieren, können wir uns auch fragen, warum sich unser Gegenüber in dieser bestimmten Weise verhält. Hilfreich ist hier die folgende Perspektive: Menschen, die uns schlecht behandeln, machen uns ein sehr gutes Angebot, sauer oder genervt zu reagieren. Aber ob wir dieses Angebot annehmen oder stattdessen die Hilflosigkeit des Menschen hinter seiner Provokation sehen und gelassen reagieren, liegt wie immer in unserer Verantwortung. Wir können lernen, immer mehr von unserem Gegenüber wahrzunehmen und uns dadurch immer weniger mit unseren eigenen negativen Gefühlen einbringen.

Grundsätzlich gilt: Je größer der Stress ist, den wir mit jemandem haben, desto größer ist der Schmerz unseres Gegenübers. Wenn Menschen sehr aggressiv, zickig oder gemein agieren, fühlen sie sich innen drin üblicherweise schwach, ängstlich, minderwertig und haben den Eindruck einer Bedrohung ausgesetzt zu sein. Wenn sie sich stark, glücklich und wohl fühlen würden, würden sie dieses negative Verhalten wohl kaum benötigen!

Das gilt natürlich auch für uns. Wir Menschen neigen dazu, innere Verletzung durch übermäßigen und teilweise sehr negativen Schutz zu tarnen. Wir greifen lieber jemanden an und machen Vorwürfe, als zuzugeben, wie verletzlich und traurig wir uns in einer Situation fühlen.

Es ist so hilfreich, wenn wir uns auf das Liebes- und Schutzbedürfnis des Gegenübers fokussieren. Was braucht unser Gegenüber? Warum fühlt sich unser Gegenüber machtlos (während er wütet) oder traurig (während sie vielleicht Vorwürfe macht). Fühlt sich unser Vorgesetzter vielleicht in Wahrheit ängstlich, wenn er unsere Arbeitsergebnisse sieht, weil er sich vor dem Vorstand dafür rechtfertigen muss? Ist unsere Mitarbeiterin traurig, weil sie nicht mehr in ihrem vertrauen Team arbeiten soll?

Hier geht es wieder einmal nicht um die berühmten rosa Wattebäusche und Kuschel-Psychologie! Wenn uns jemand wütend begegnet, ist es meistens unangemessen, die Person tröstend in den Arm zu nehmen, weil sie dahinter ja bestimmt sooo traurig ist! Es geht um die eigene Handlungsfähigkeit: Wenn wir die wahren Gefühle unseres Gegenübers wahrnehmen können, brauchen wir selber nicht mehr wütend zu werden. Wir verstehen, dass es nicht um uns, sondern um die Verletzung in unserem Gegenüber geht. Das bedeutet, dass zumindest einer von beiden einen kühlen Kopf bewahren kann. Wir können dann zum Beispiel unserem Gegenüber eine kleine Pause zur Beruhigung anbieten. Hier müssen Teilnehmer meiner Trainings oft lachen: »Ich soll meinem Chef sagen, wir machen eine Pause, damit er sich mal wieder herunterfahren kann?« Das muss natürlich mit einer sehr wertschätzenden Grundhaltung geschehen oder kann auch etwas geschickter erfolgen. Wenn Sie mit Ihrem Gegenüber nicht offen über solche Dinge sprechen können, müssen Sie vielleicht gerade weg und kommen zu einem späteren Zeitpunkt noch einmal wieder. Sie kennen Ihr Gegenüber am besten. Sie werden bestimmt einen guten Weg finden!

Vielleicht können wir auch unserem Gegenüber entgegenkommen und auf seinen eigentlichen Wunsch reagieren. Vielleicht fragen wir, was unser Vorgesetzter für die Präsentation vor dem Vorstand noch braucht. Vielleicht können wir klären, welche Bedingungen im alten Team unserer Mitarbeiterin so gut gefallen haben. Und das ist vielleicht eine gute Idee für das neue Team und das nächste Projekt!

TIPP **Wenn wir darauf schauen, was unser Gegenüber braucht, ist es leichter, uns nicht in eigenen negativen Interpretationen und Gefühlen zu verwickeln. Wenn wir innerlich ruhig bleiben können, ist es leicht, herauszufinden, was wir tun können, damit für alle gesorgt ist.**

›Reizende‹ Geschenke

Kommen wir noch einmal zum Thema Verantwortung für unsere Gefühle zurück. Es gibt da ein sehr schönes Bild, welches ich vor Jahren kennen gelernt habe: Unser Gegenüber überreicht uns (verbal) ein Geschenk. Dieses Geschenk ist wunderschön verpackt und sehr attraktiv für uns. Dieses Geschenk kann ein Kompliment sein. Es ist dann ein wunderbares Angebot, uns geliebt und wohlzufühlen. Dieses Geschenk kann aber auch eine Beleidigung sein, die uns ein ›reizendes‹ Angebot macht, mit Wut und Aggression zu reagieren. Das Schöne an dem Bild des Geschenkes ist, dass wir ein Geschenk annehmen oder ablehnen können. Stellen Sie sich vor, die Sonne scheint und es geht Ihnen blendend. Sie gehen die Straße herunter und ein Fahrradfahrer fährt knapp an Ihnen vorbei. Er beleidigt Sie und wirft Ihnen dann auch noch vor, im Weg gestanden zu haben. Vermutlich fällt es Ihnen in der Situation leicht, dass Geschenk, sich wütend zu fühlen, abzulehnen. Warum sollten Sie sich über diesen schlecht gelaunten Fahrradfahrer ärgern? Die Sonne scheint doch so herrlich!

An einem anderen Tag, an dem wir vielleicht ohnehin schon verärgert, übermüdet und unzufrieden sind, ist die Wahrscheinlichkeit, dass wir das Geschenk verärgert zu reagieren annehmen, vermutlich schon höher. So oder so entscheiden wir: Wollen wir das Geschenk beziehungsweise Angebot annehmen oder bei unserem Gegenüber lassen?

Betrachten wir das Handeln unseres Gegenübers als Geschenk, und damit als Angebot, auf eine bestimmte Weise zu reagieren, ist es leichter, sich frei für eine Reaktion zu entscheiden. Manche Geschenke nimmt man lieber nicht an!

TIPP

Das Bild des Geschenkes hat aber auch seine Grenzen. Unser Gegenüber hat oft gar nicht die Absicht, ein Gefühl in uns zu erzeugen. Oft denken wir das, genau so, als würde uns jemand wirklich ein Geschenk überreichen. Aber in Wahrheit ist unser Gegenüber oft einfach in seiner eigenen Welt. Der Fahrradfahrer aus dem vorhergehenden Beispiel ist bestimmt nicht aus dem Haus gegangen und hat sich vorgenommen, genau uns zu beleidigen. Manchmal reagieren wir, als wären wir persönlich gemeint gewesen, obwohl der andere gar nicht weiter darüber nachgedacht hat. Wir können uns hin und wieder fragen: Hat diese Situation überhaupt etwas mit mir zu tun? Und selbst wenn wir die Person gut kennen und schätzen und sie sich negativ uns gegenüber verhält – vielleicht ist sie gerade einfach sehr unglücklich und kann das nicht besser ausdrücken. Da hilft dann auch wieder die schon vertraute Perspektive, auf die Verletzlichkeit unseres Gegenüber zu schauen. So können wir viel leichter ganz bei uns und voller Liebe im Kontakt sein.

TIPP | **Wenn sich jemand negativ uns gegenüber verhält, lohnt es sich, die Frage zu beantworten: Meint der überhaupt mich?**

Manchen meiner Trainingsteilnehmern gefällt auch folgende Motivation, positiv auf unser Gegenüber zu reagieren: Wenn wir uns ärgern, fühlt sich das für uns schlecht an und ist in der Konsequenz auch für unsere Gesundheit schlecht. Mit negativen Emotionen schaden wir uns vor allem selbst. Es lohnt sich also doppelt – für uns und für unser Gegenüber – eine neue positive Einstellung und Reaktion zu finden.

TIPP | **Eine wunderbare Motivation, um bewusster mit unseren Gedanken und Gefühlen umzugehen, ist unsere Gesundheit! Je bewusster und damit positiver wir mit unserem Gegenüber umgehen können, desto besser fühlen wir uns und desto leistungsfähiger ist unser Immunsystem!**

Grundsätzlich gilt zum Thema Gefühle: Je wohler wir uns fühlen, desto leichter können wir die Gefühle unseres Gegenübers wahrnehmen und unabhängig von dem Angebot unseres Gegenübers einfühlsam reagieren. Sorgen wir also dafür, dass es uns wunderbar geht!

Achtung Pseudogefühle!

Wenn wir in der deutschen Sprache Gefühle benennen, gibt es noch etwas zu beachten: Es gibt Gefühlsworte, die echte Gefühle beschreiben und welche, die einen Vorwurf enthalten. Echte Gefühlsworte sagen etwas über uns aus. Beispiele für diese sind: glücklich, wütend, traurig und heiter. Dann gibt es noch Gefühlsworte, die Pseudogefühle benennen. Beispiele für Pseudogefühle sind: enttäuscht, verlassen, in die Ecke gedrängt ... Diese scheinbaren Gefühlsworte zeigen vorwurfsvoll auf unser Gegenüber. Da gibt es jemanden, der uns getäuscht hat, der uns verlassen hat, der uns in die Ecke drängt. Was aber unklar bleibt ist, wie wir uns dabei fühlen. Wenn eine Täuschung von uns abfällt, können wir traurig sein, aber vielleicht auch erleichtert. Als Verlassene sind wir vielleicht wütend, vielleicht fühlen wir uns aber auch abenteuerlustig. Und wenn wir in die Ecke gedrängt wurden, könnten wir uns hilflos, wütend oder auch voller Energie fühlen. Die Pseudogefühlsworte sind in der Kommunikation nicht hilfreich. Sie enthalten versteckt Vorwürfe und geben keine Information über uns preis. Und wir leugnen mit diesen Worten unsere Verantwortung. Wir haben ja bereits festgestellt, dass Gefühle aus unserer Geschichte, unserer Lebenshaltung, unserer aktuellen Verfassung und allem, was zu uns gehört, entstehen. Wenn wir Pseudogefühlsworte benutzen, tun wir so, als ob unser Gegenüber uns Gefühle machen würde. Aber diese Macht hat unser Gegenüber nicht. Er kann uns nur ein sehr, sehr attraktives Geschenk anbieten!

TIPP

Wenn wir Pseudogefühlsworte wie ›verlassen‹ (Du hast mich verlassen!!) durch echte Gefühlsworte wie ›allein‹, ›einsam‹ und ›neugierig‹ ersetzen, muss sich unser Gegenüber nicht gegen den darin enthaltenen versteckten Vorwurf wehren. So kann Verständnis statt Widerstand entstehen.

Fragen Sie sich: Mit welchen Gefühlen reagiere ich auf diese Situation? Und warum reagiere ich mit diesen Gefühlen?

Weitere spannende Fragen sind hier: Wie fühlt sich mein Gegenüber gerade und was braucht er oder sie? Möchte ich das Geschenk meines Gegenübers, auf eine bestimmte Weise zu reagieren, annehmen?

Welche Bedürfnisse stecken dahinter?

Unsere Konfliktpartner sind oft ein rotes Tuch für uns. Ihre Handlungen reizen uns besonders. Aber warum eigentlich? Was genau ist es, das Sie persönlich so ärgert?

Unsere Gefühle zu erkennen, ist ein sehr wichtiger Punkt zur Klärung eines Konfliktes. Als Nächstes lohnt es sich, die Bedürfnisse zu erkennen, die dahinterstehen und verletzt wurden. Je besser wir über unsere Bedürfnislage in einer Situation Bescheid wissen, desto klarer können wir anschließend kommunizieren, um unseren Bedürfnissen Erfüllung zu verschaffen – und zwar ohne einen Konflikt zu erzeugen. Tatsächlich lassen sich die Bedürfnisse beider Seiten besonders leicht erfüllen, wenn zumindest eine Seite weiß, worum es ihr wirklich geht.

Schauen Sie in der folgenden Liste nach, welche Ihrer Bedürfnisse nicht erfüllt sind.

Beispiele für Bedürfnisse	
körperlich	Luft, Nahrung, Schlaf, Wärme, Ruhe, Gesundheit, Bewegung, Entspannung, Berührung
psychisch	Abwechslung, Aktivität, Authentizität, Autonomie, Beständigkeit, Bildung, Entspannung, Entwicklung, Freiheit, Freude, Glück, Identität, Inspiration, Intensität, Intimität Kongruenz, Kraft, Kreativität, Lebensfreude, Liebe, Ordnung, Selbstachtung, Selbstausdruck, Sicherheit, Spaß
sozial	Anerkennung, Akzeptanz, Ehrlichkeit, Empathie, Feiern, Frieden, Geborgenheit, Gemeinschaft, Harmonie, Klarheit, Kommunikation, Kontakt, Kultur, Liebe, Mitgefühl, Nähe, Respekt, Unterstützung, Verbindung, Vertrauen, Wertschätzung, Zugehörigkeit

Es gibt natürlich noch deutlich mehr Bedürfnisse. Für die Alltagspraxis reicht diese Liste aber meistens aus. (Wenn Sie sich umfangreicher mit dem Thema beschäftigen möchten, empfehle ich wiederum Rosenbergs Buch *Gewaltfreie Kommunikation: Eine Sprache des Lebens*.) Wie bei den Gefühlen spielen auch hier immer mehrere Bedürfnisse eine Rolle. Wenn mein Mitarbeiter handelt, ohne mich zu fragen, können meine Bedürfnisse nach Sicherheit, Anerkennung, Ordnung, Kommunikation und Wertschätzung nicht erfüllt sein. Vielleicht stellt sich aber auch Entspannung ein und ich fühle mich erleichtert, weil ich mich einmal nicht um alles kümmern musste.

Ein Plan macht unfrei – wie die orientalische Bar hilft

Um unsere Bedürfnisse zu erfüllen, ist es wichtig, sich klar zu werden, dass Bedürfnisse unabhängig von Zeit, Ort oder Personen existieren. Eine konkrete Vorstellung von der Erfüllung der eigenen Bedürfnisse ist immer nur ein möglicher Plan. Es gibt aber unglaublich viele Alternativen. In dieser Erkenntnis steckt eine große Freiheit!

Was aber bedeuten all diese Aussagen ganz konkret: Stellen wir uns einmal vor, wir haben in der Mittagspause das Bedürfnis nach Kontakt. Unsere Lieblingskollegin telefoniert aber gerade mit einem wichtigen Kunden und es sieht so aus, als könne das noch länger dauern. Was nun? Wenn wir unseren Plan, einen Mittagsspaziergang mit Pia zu machen, als Erfüllung unseres Bedürfnisses nach Kontakt erkennen, können wir Alternativen suchen. Wie wäre es, einfach mal in den Pausenraum zu gehen? Der neue Kollege, der gerade in die Pause gegangen ist, sieht doch auch sympathisch aus. Vielleicht hat er ja auch Lust auf einen Spaziergang oder einfach eine kleine Unterhaltung.

Wenn wir die Bedürfnisse nach Abwechslung und Unterhaltung verspüren, haben wir in unserer Freizeit vielleicht Lust, mit unserer Partnerin ins Kino zu gehen. Es kann aber passieren, dass sie gerade keine Lust dazu hat. Was nun? Wir könnten einen Konflikt beginnen und unserer Partnerin Vorwürfe machen. Wir hätten letztens mit ihr schließlich auch einen Film geschaut, auf den wir keine Lust hatten (was ohnehin keine gute Idee war!). Oder aber – Alternative! – wir schauen, was unser dahintersteckendes Bedürfnis ist. Aha!: Abwechslung. Der Plan zur Erfüllung dieses Bedürfnisses war bisher, ins Kino zu gehen. Wenn uns das jedoch bewusst ist, können wir überlegen, ob wir Alternativen für die Erfüllung unseres Plans haben. Anstatt unserer Partnerin Vorwürfe zu machen, rufen wir zum Beispiel Paul an und gehen mit ihm ins Kino. Oder wir tauschen den Plan aus. Vielleicht hat unsere Partnerin keine Lust ins Kino zu gehen, sehr wohl aber Lust auf ein exotisches Abendessen in einer orientalischen Bar. Das könnte unsere Bedürfnisse nach Abwechslung und Unterhaltung ebenfalls erfüllen und wir können den Abend so gemeinsam verbringen.

Je genauer wir wissen, welche Bedürfnisse hinter unseren Plänen stecken, desto besser können wir Wege finden, diese Bedürfnisse zu erfüllen. Das macht es uns außerdem leichter, Lösungen zu finden, die allen Beteiligten ihre Wünsche erfüllen.
Meistens gibt es den Konflikt nur auf der Ebene der Pläne. Wenn wir also wissen, welche Bedürfnisse wir eigentlich erfüllen wollen, können wir die Pläne anpassen.

Dieser Schritt ist besonders wichtig, um klar sagen zu können, was wir wollen. Im Konflikt können wir oft gut aufzählen, was uns alles gegen den Strich geht. Mit der Fokussierung auf das Negative kommen wir aber zu keiner Lösung. Wenn wir uns überlegen, worum es uns eigentlich geht, sind wir einer Lösung schon ganz nah.

Bei den Gefühlen gilt die Aussage: Je besser wir uns fühlen, desto einfühlsamer können wir sein. Hier bei den Bedürfnissen gilt dasselbe: Je besser unsere Bedürfnisse erfüllt sind, desto leichter können wir die Bedürfnisse des Gegenübers wahrnehmen.

Wenn wir ausgeschlafen, satt und glücklich sind, ist es leicht, unser Gegenüber wahrzunehmen. Sorgen wir also gut für uns!

Betrachten Sie genau: Was sind meine Bedürfnisse in der Situation? Und welche Lösungsmöglichkeiten erfüllen die Bedürfnisse beider Seiten?

1.4 Perspektive

Was will ich in Zukunft mit dieser Person erleben?

Wenn wir wütend, verletzt oder genervt sind, führt das üblicherweise zu negativen Gedanken. Wir tendieren dazu, uns auf das Hindernis zu fixieren. »Er hat das und das nicht gemacht ..., dann ist er wohl inkompetent« – »Wenn sie nicht immer so abfällige Kommentare fallen lassen würde, könnte ich natürlich mit ihr reden. Aber so ist sie halt. Jetzt passe ich mich eben an und schieße zurück.«

Oft verlieren wir dann aus dem Fokus, was wir eigentlich gerne mit dieser Person erleben würden. Vielleicht haben wir bereits sehr schöne Situationen mit ihr erlebt, glauben aber, dass wir nie wieder dorthin zurückkommen können. Vielleicht haben wir eine ganze Weile sehr gut zusammengearbeitet – bis es zu diesem einen unglücklichen Zwischenfall kam.

Es ist jedoch wichtig, dass wir nicht nur wissen, was wir nicht wollen, sondern vor allem, was wir erleben wollen. In Konflikten ist die Gefahr groß, sich auf die Verletzungen und Ärgernisse zu konzentrieren.

Der Strommast und die Wiese

Die Fokussierung auf das Hindernis ist ein Problem, was auch Gleitschirmflieger kennen. Eine Freundin von mir erzählte einmal, wie sie im Landeanflug auf eine herrliche Wiese war. Die Wiese war zum Landen wunderbar geeignet: sie war riesig und eben. Allerdings gab es am Anfang der Wiese Strommasten. Meine Freundin wusste, dass es auf jeden Fall reichlich Platz zum Landen geben würde. Und trotzdem konnte sie ihren Blick nicht von den gefährlichen Masten abwenden. Sie konzentrierte sich so lange unbewusst auf die Masten, bis sie diese sogar mit einem Fuß berührte. Sie kam unbeschadet an, ärgerte sich aber im Nachhinein über diese scheinbar unnötige Gefahr.·

Wir Menschen sind so programmiert, dass das Gefährliche deutlich mehr Aufmerksamkeit auf sich zieht als alles andere. Das macht stammesgeschichtlich natürlich Sinn. Sie denken vielleicht gerade an den Saurier und die Blumen zurück. Die Vorfahren von uns, welche sich nicht auf den gefährlichen Saurier fokussiert haben, wurden gefressen. Streng genommen sind es also keine Vorfahren. Es ist also ein tief verankertes Überlebensprogramm, sich auf die Bedrohung und den Stress zu fokussieren.

Demnach ist es überflüssig, sich über sich selbst zu ärgern, wenn wir uns bei diesem Urzeitprogramm erwischen.

Es lohnt sich aber, zu realisieren, dass wir vielleicht gerade urzeitlich reagieren. Und dann machen wir am besten eine schnelle Zeitreise in die Neuzeit und wählen einen positiven Fokus. (Heute machen Blumen nämlich häufig Sinn, wenn wir in einem Konflikt sind!)

Statt auf den vergangenen Stress zu schauen, blicken wir nach vorne – auf die deutlich angenehmere Zukunft nach dem Gespräch.

Gestalten Sie Ihre Perspektive: Alles ist herrlich!

Schließen Sie die Augen und stellen Sie sich vor, Ihre gemeinsame Situation wäre optimal. Alles ist gelöst.

Der Konflikt ist Vergangenheit und Sie verstehen und schätzen sich.

Was möchten Sie mit Ihrem Gegenüber erleben?

Wünschen und Träumen Sie! Was ist Ihre positivste Vision?

Was genau wollen Sie gemeinsam tun, entwickeln, besprechen?

Was sehen Sie? Was hören Sie? Wie fühlt sich diese wunderbare Situation an?

Stellen Sie sich die Situation ganz konkret vor.

Dann fassen Sie die Situation in Worte.

Abbildung 5: Was ist die schönste Perspektive, die Sie sich ausmalen können?

Beispiel für eine angenehme Perspektive

»Ich möchte wieder ein entspanntes Arbeitsverhältnis mit Ihnen haben. Ich habe immer sehr gerne mit Ihnen zusammengearbeitet und schätze Ihre Meinung sehr! Und Ich vermisse unsere kleinen Kaffeepausen. Ich fände es schön, wenn wir dafür wieder Zeit und Lust finden würden.«

Entwerfen Sie eine positive Zukunft für Ihre Situation und teilen Sie diese Ihrem Gegenüber als reale Möglichkeit mit. Formulieren Sie diese als Ich-Botschaft.

1.5 Aktion

Was kann ich anders machen? Habe ich einen Wunsch an meinen Konfliktpartner?

»Wahnsinn ist, wenn man immer wieder das Gleiche tut, aber andere Resultate erwartet.«

Das ist ein bekanntes Zitat von Rita Mae Brown (1995), an welches ich in Konflikttrainings oft denken muss. Lassen wir den Wahnsinn hinter uns und probieren wir etwas Neues!

Sie haben im letzten Schritt eine neue Perspektive entwickelt und wissen bereits, was Sie mit Ihrem Gegenüber erleben möchten. Fragen Sie sich jetzt: Was kann ich tun, damit die gewünschte, gemeinsame Zukunft eintrifft? Was genau kann ich dazu beitragen, dass die Begegnungen mit meinem Gegenüber wieder angenehm sind?

Beispiel: Was kann ich ändern, um nicht mehr zu schnelle Zusagen zu machen?

»Ich nehme mir vor, im Kontakt mit meinem Kollegen Herrn Müller klarer und selbstbewusster aufzutreten. Konkret bedeutet das, dass ich in Ruhe überlege, ob ich Zusagen mache. Wenn er mich um etwas bittet, was sich nicht gut anfühlt, sage ich ihm, dass ich ihn gleich zurückrufe. Danach denke ich in Ruhe darüber nach und rufe notfalls noch jemanden an, um mich beraten zu lassen. Ich mache Zusagen, die wichtige Themen betreffen, nur dann, wenn ich mich ganz klar und sicher fühle. Dann muss ich meinem Kollegen keine Vorwürfe mehr machen, er würde mich ständig überrumpeln. Ich übernehme die volle Verantwortung für meine Zusagen.«

Fragen Sie sich dann: Gibt es etwas, das ich mir von meinem Gegenüber wünsche? Worum kann ich mein Gegenüber bitten, damit die positive Perspektive Wirklichkeit werden kann? Formulieren Sie den Wunsch in der Form eines konkreten Handlungsvorschlags.

Überlegen Sie sich bei Ihrem Wunsch an Ihr Gegenüber: Weshalb sollte mein Gegenüber diesen Wunsch erfüllen wollen? Und fragen Sie sich: Würde ich diesen Wunsch an seiner Stelle erfüllen? Warum? Warum vielleicht nicht? Dieser kleine Perspektivenwechsel kann sehr helfen, den richtigen Wunsch und die richtigen Worte zu finden.

Abbildung 6: Was können Sie konkret tun, damit Ihre positive Perspektive Wirklichkeit wird?

Ihre Wünsche werden zu positiven Veränderungen führen, wenn sie folgende Kriterien beachten:

positiv. »Bitte beantworten Sie meine internen Anfragen täglich, sonst laufen wir Gefahr, dass wichtige Themen nicht zeitnah bearbeitet werden.« Statt: »Hören Sie auf, meine internen Anfragen zu ignorieren!«

konkret. »Wenn dir ein Kunde einen Hinweis zu meinem Design gibt, möchte ich, dass du mich sofort nach dem Gespräch anrufst.« Statt: »Bitte sag mir, wenn ein Kunde dir einen Hinweis gibt.«

realistisch. »Bitte schicke mir um 11, 15 und 17 Uhr deine aktuellen Änderungen, sodass ich immer auf dem neuesten Stand bin.« Statt: »Ich will immer wissen, welche Änderungen gerade gemacht wurden. Informiere mich über jede Änderung.«

handlungsorientiert. »Wenn sich der Kunde XY meldet, rufe mich bitte direkt nach dem Gespräch an. Wenn er sich bis Montag 15 Uhr nicht gemeldet hat, schreibe mir bitte eine E-Mail.« Statt: »Wenn der Kunde XY sich meldet, möchte ich das wissen. Und wenn er sich bis Montag 15 Uhr nicht gemeldet hat, möchte ich das ebenfalls wissen.«

ehrlich. Ein Wunsch ist ein Wunsch. Wenn Ihr Gegenüber diesen nicht erfüllen kann oder will, versuchen Sie zu verstehen warum. Ein Nein ist eine sehr wichtige Information. Meistens kann der Wunsch dann so angepasst werden, dass er für beide Seiten umsetzbar ist. Ansonsten muss die Situation grundsätzlich verändert werden. (Das Thema Ablehnung eines Wunsches ist sehr wichtig. Daher werden wir dieses im Unterkapitel *Was ist, wenn mein Konfliktpartner meinen Wunsch nicht erfüllen möchte?* ab Seite 114 noch vertiefen.)

überprüfbar. Woran werden Sie merken, dass Ihr Wunsch erfüllt ist? Bei dem Beispiel zu dem Punkt *handlungsorientiert* wäre das entweder ein Anruf oder spätestens eine E-Mail am Montag um 15 Uhr.

Was sind Ihre Wünsche an Ihr Gegenüber, damit Ihr Kontakt wieder leicht und angenehm ist?

Formulieren Sie Wünsche und Ideen, welche Sie selbst umsetzen können. Überlegen Sie sich dann, ob Sie zusätzlich noch Ihr Gegenüber
um etwas bitten möchten.

1.6 Jetzt geht es ans Ausprobieren: eine Übungssituation aus Ihrem Leben

Ich möchte Sie jetzt einladen, eine Situation aus Ihrem Leben auszuwählen und für diese die 5 Punkte zu beantworten. Am Anfang lohnt
es sich meist, erst einmal eine Übungssituation zu wählen. Das ist zum
Beispiel ein kleines Ärgernis, welches Sie nicht wirklich aus der Fassung
bringt. Ich empfehle nicht, direkt mit einem akuten Konflikt zu starten. Denn so einfach diese Fragen erscheinen, so herausfordernd sind
sie manchmal während eines Konfliktes zu beantworten. Daher lohnt
es sich, sich mit den Fragen wirklich vertraut zu machen, bevor wir sie
auf eine sehr emotionale Situation anwenden. Im Anhang finden Sie
eine Kopiervorlage, welche Sie dann für alle weiteren Themen nutzen
können. Sie sind aber natürlich auch frei, mit einem akut brennenden
Thema zu starten. Wenn das gut klappt, wunderbar! Falls es im ersten
Durchlauf noch etwas haken sollte, finden Sie noch viele weitere konkrete Hilfestellungen zur Anwendung der Methode im weiteren Verlauf
dieses Buches.

Probieren Sie, Antworten auf Ihre Übungssituation zu finden. Falls Sie
vorher gerne eine noch konkretere Vorstellung von der Methode haben
möchten, können Sie auch jetzt schon einmal zum Kapitel 4 ab Seite
123 blättern. Dort finden Sie drei Szenarien, die auf realen Erlebnissen
von Teilnehmern meiner Trainings basieren.

Und jetzt geht es los! Probieren Sie aus, ob Sie schon auf alle Fragen Ihre Antworten finden. Und nehmen Sie es leicht. Dies ist ein erster Testdurchlauf. Es gibt in diesem Buch noch jede Menge weitere Tipps!

 ## Übung: 5-Punkte-Methode

1. Wertschätzung

Was schätze ich an meinem Konfliktpartner?

_____

_____

_____

_____

Was könnte mein Konfliktpartner an mir schätzen?

_____

_____

_____

2. Fakten

Was ist objektiv geschehen?

_____

_____

_____

_____

3. Eigene Reaktion auf die Fakten

Wie fühle ich mich jetzt in dieser Situation meinem Konfliktpartner gegenüber?

_____

_____

Welche Bedürfnisse stecken dahinter?

_____

_____

_____

4. Perspektive

Was will ich in Zukunft mit dieser Person erleben?

_____

_____

_____

5. Aktion

Was kann ich anders machen?

Habe ich einen Wunsch an meinen Konfliktpartner?

_____

_____

_____

Vorbereitung
des Konfliktgesprächs

Herzlichen Glückwunsch! Sie sind einen großen Schritt weiter! Im letzten Kapitel haben Sie sich bereits mit der 5-Punkte-Methode vertraut gemacht. Damit haben Sie schon einen sehr wertvollen Schritt getan. Sie kennen nun einen relativ einfachen Weg, wie Sie anders mit Konflikten umgehen können. Dieses Wissen wird Ihnen jetzt helfen, einen aktuellen Konflikt (sofern Sie gerade einen zum Üben haben) zu lösen.

Planen Sie vielleicht, ein Klärungsgespräch mit einem Mitarbeiter oder Geschäftspartner zu führen? Gibt es vielleicht sogar schon einen Termin?

In diesem Kapitel gibt es noch weitere Tipps und Hilfestellungen für Ihre Vorbereitungen, welche Ihr Konfliktgespräch noch einmal deutlich leichter und erfolgreicher machen kann.

2.1 So wenden Sie die 5-Punkte-Methode auf einen akuten Konflikt an

Haben Sie im letzten Kapitel ein Übungsbeispiel gewählt, um sich mit der 5-Punkte-Methode vertraut zu machen? Dann ist es gleich so weit, die Fragen für einen aktuellen Konflikt zu beantworten. Das dient zunächst nur Ihrer Selbstklärung.

Nehmen Sie sich Zeit für das Beantworten. Je emotionaler wir in Konflikten sind, desto herausfordernder ist das erfolgreiche Analysieren unserer Situation. Sie erinnern sich an den Dinosaurier und die Blumen? Es ist ein guter Zeitpunkt, uns klar zu machen, dass es aktuell keinen Dinosaurier gibt, der unser Leben bedroht, auch wenn wir uns in

Konflikten durchaus genauso fühlen können. Jetzt geht es um die Wahrnehmung der gesamten Landschaft – Sie wissen ja –, auch der Blumen.

Wenn Sie auf eine Frage keine Antwort haben, fragen Sie eine Kollegin, einen Freund oder Ihren Partner, ob er oder sie eine Idee für die Antwort hat.

Wichtig ist: Seien Sie ehrlich!

Der erste Schritt ist nur für Sie. Sie entscheiden erst im zweiten Schritt – bei den Fragen zur Gesprächsvorbereitung –, was Sie Ihrem Konfliktpartner davon mitteilen möchten.

Je klarer Ihnen ist, was bei Ihnen alles dahintersteckt, desto bewusster und konstruktiver können Sie in den Konflikt gehen. Und umso wahrscheinlicher ist es, dass Sie schnell eine Win-win-Lösung finden. Sie wissen ja bereits: Wenn wir genau wissen, was unsere Bedürfnisse sind, können wir viel leichter verschiedene Pläne entwickeln, um diese zu erfüllen.

Machen Sie es sich möglichst leicht – mit Notizen

Schreiben Sie gleich Ihre Antworten zu den 5 Punkten auf.

Das Aufschreiben vorher hilft, einen klaren und umfassenden Überblick über Ihre Situation zu bekommen. Es hat auch den Vorteil, dass Sie zu einem späteren Zeitpunkt noch einmal in Ihre Notizen schauen können und sich nicht direkt alles merken müssen. Außerdem ist es leichter, Themen zu sortieren, wenn wir sie vor uns sehen.

Wenn Sie diesen Abschnitt zu Ende gelesen haben, ist es ein guter Zeitpunkt, die 5-Punkte-Methode auf Ihre aktuelle Situation anzuwenden. Sie können aber natürlich genauso gut erst einmal weiter lesen. Es ist Ihr Buch-Training und Sie entscheiden, wann für Sie der richtige Zeitpunkt zum Üben ist und womit Sie anfangen möchten.

Wenn Sie sich für das Anwenden entscheiden, nutzen Sie dafür am einfachsten die *Kopiervorlage 5-Punkte-Methode: Selbstreflexion* auf Seite 180. Wenn Sie dann für sich herausgefunden haben, was Ihnen wichtig ist, können Sie für den nächsten Schritt die *Kopiervorlage 5-Punkte-Methode: Leitfaden für das Gespräch* auf Seite 183 nutzen. Diese kann dann die Grundlage für das bilden, was Sie in dem Konfliktgespräch sagen werden. Möglicherweise möchten Sie diesen Zettel sogar in das Gespräch mitnehmen.

Ich habe extra zwei Vorlagen erstellt, auch wenn diese in vielen Punkten identisch sind. Das ist natürlich kein Zufall. Es lohnt sich sehr, den Schritt der Selbstreflektion und den Schritt der Gesprächsplanung streng zu trennen. Nur so können wir erst in Ruhe bei uns schauen, worum es uns wirklich geht, ohne gleichzeitig im Kopf ein Gespräch zu entwerfen.

Jetzt ist ein guter Zeitpunkt, um zum Anhang zu blättern, eine Kopie der Vorlagen zu machen und die 5-Punkte-Methode auf Ihre Situation anzuwenden.

Ich wünsche Ihnen viel Erfolg!

2.2 Durch die Augen des anderen schauen – die 5-Punkte-Methode aus der Perspektive des Gegenübers

Ist die Situation jetzt schon klar für Sie? Wissen Sie Ihre Antworten auf die Fragen und fühlen sich bereits entspannter?

Falls Sie sich noch nicht ganz sicher sind oder immer noch rotsehen, dann beantworten Sie die Fragen aus der Sicht Ihres Konfliktpartners. Häufig sagen meine Trainingsteilnehmer dann zuerst: »Aber woher weiß

Abbildung 7: Was entdecken wir, wenn wir die Perspektive unseres Gegenübers einnehmen?

ich denn, was mein Gegenüber denkt?« Keine Sorge, Sie müssen nicht erst Telepathie lernen! Beantworten Sie die Fragen einfach spontan so, wie Sie denken, dass Ihr Gegenüber ehrlich antworten würde. Und falls Sie nicht weiterkommen, fragen Sie Freunde oder Kollegen, was diese glauben, was Ihr Konfliktpartner sagen würde. Wichtig ist hier, die ganz ehrlichen Antworten zu finden, nicht was Ihr vielleicht verärgertes Gegenüber laut sagen würde.

Beispiel: Erfahrener Mitarbeiter trifft auf junge und erfolgreiche Kollegin. Was sind seine Gefühle?

*Nehmen wir das Beispiel von Carina, die in einem Team mit Paul, einem älteren Kollegen, arbeitet. Laut würde er vielleicht Folgendes über seine Gefühle sagen: »Ich **fühle mich wohl** mit Carina. Eine junge, wirklich engagierte Kollegin. Ich **freue mich** über Ihre Ideen. Wir haben viel **Spaß** zusammen. Manchmal **ärgere** ich mich über ihre Nachlässigkeit. Sie hat viele Ideen, bringt aber nicht alle zu Ende. Ansonsten ist die Zusammenarbeit mit ihr sehr **angenehm**.«*

*Wenn er ganz ehrlich wäre, kämen vielleicht noch folgende Punkte hinzu: »Ich **bewundere** schon, dass sie in so jungen Jahren so erfolgreich ist. Und ehrlich gesagt macht mir das auch etwas **Angst**! Ich habe zwanzig Jahre gebraucht, um in diese Position zu kommen. Sie ist hier geradezu hereingeschneit. Da fühle ich mich schon auch etwas **minderwertig**. Warum kann sie das so schnell und gut? Darüber **ärgere** ich mich auch. Wie kann man mir so eine junge Kollegin ins Team geben. Da stelle ich mich selbst infrage und fühle mich weniger sicher und stolz. Ich hätte gedacht, ich bekomme nur noch sehr erfahrene Leute. Schließlich habe ich Respekt verdient!«*

Versuchen Sie, die ganze Wahrheit aufzudecken! Wenn Sie einen Konflikt klären, bedenken Sie immer besonders die Verletzlichkeit Ihres Gegenübers. Hätte er oder sie Grund, sich von Ihnen angegriffen, in die Ecke gedrängt, bedroht oder verletzt zu fühlen? (Übrigens haben wir hier eine ganze Sammlung von den uns bereits bekannten Pseudogefühlsworten. Nehmen wir das Beispiel: ›In die Ecke gedrängt fühlen‹. Es ist eine Anschuldigung des Gegenübers. Das Gefühl ist die Antwort auf die Frage: Wie fühlen wir uns, wenn wir glauben, ›in die Ecke gedrängt‹ zu sein? Wir fühlen uns vielleicht hilflos, traurig oder wütend. Das sind echte Gefühle, da diese etwas über uns aussagen und keine Beschuldigung des Gegenübers enthalten. Besser ist hier also die Formulierung: Könnten Sie Ihrem Gegenüber durch Ihr Verhalten ein gutes Angebot gemacht haben, mit negativen Gefühlen zu reagieren?) Könnte die Situation Minderwertigkeitsgefühle bei Ihrem Gegenüber aktiviert haben beziehungsweise ein gutes Angebot für eine solche Reaktion sein? Versuchen Sie, ein umfassendes Verständnis für die Situation zu entwickeln. Wenn Sie sehr wütend sind, ist dazu der Austausch mit Dritten, deren Meinung Sie respektieren, sehr hilfreich! Andere haben es oft viel leichter, die Gefühle und Bedürfnisse Ihres Gegenübers zu benennen. Da diese nicht betroffen sind, sind ihre Hinweise oft Gold wert!

Gerade wenn Sie bei dem Punkt Bedürfnisse sind, suchen Sie bitte so lange, bis Sie die positiven Grundmotivationen Ihres Gegenübers finden. In Trainings erlebe ich es oft, dass Teilnehmer so wütend sind, dass sie bei den Bedürfnissen des Gegenübers erst einmal sehr negative Punkte aufzählen: »Der Betriebsrat will doch nur Macht und Kontrolle!« – »Die Geschäftsleitung will doch nur Profit und die Mitarbeiter ausbeuten.« Das sind keine ursprünglichen Bedürfnisse! Bei Macht und Kontrolle steht sehr wahrscheinlich ein großes Bedürfnis nach Sicherheit im Hintergrund und die Gefühle, hilflos und unsicher zu sein. Bei Profit könnte ebenfalls Sicherheit dahinterstehen, weil man vom Management nicht entlassen werden möchte. Der Geschäftsleiter könnte Angst haben, sein Haus nicht abbezahlen zu können oder Angst, die Wertschätzung der anderen Geschäftsführer, der Ehefrau, der eigenen Kinder oder der Freunde zu verlieren.

Suchen Sie immer so lange, bis Sie zu positiven Aussagen kommen und Ihr Konfliktpartner menschlich und verletzlich wirkt. Sie wissen ja bereits: Je anstrengender Ihr Gegenüber, desto größer sein Leid.

Probieren Sie es aus! Schreiben Sie jetzt die vermuteten Antworten Ihres Gegenübers auf. (Für weitere Situationen finden Sie auch für diese Perspektive eine Kopiervorlage im Anhang.)

 ## Übung: Durch die Augen des anderen schauen

1. Wertschätzung

Was schätze ich an meinem Konfliktpartner?

_____

_____

_____

Was könnte mein Konfliktpartner an mir schätzen?

_____

_____

_____

2. Fakten

Was ist objektiv geschehen?

(Welche Informationen hatte mein Gegenüber wirklich?)

_____

_____

_____

3. Eigene Reaktion auf die Fakten

Wie fühle ich mich jetzt in dieser Situation meinem Konfliktpartner gegenüber?

_____

_____

Welche Bedürfnisse stecken dahinter?

_____

_____

4. Perspektive

Was will ich in Zukunft mit dieser Person erleben?

_____

_____

5. Aktion

Habe ich einen Wunsch an meinen Konfliktpartner?

_____

_____

2.3 Das Wort ›Ich‹ macht vieles leichter

Diese Technik ist eine der simpelsten und wirkungsvollsten Kommunikationstechniken überhaupt! Wenn wir wirklich von uns sprechen, – »mir geht es …«, »ich habe wahrgenommen …«, »ich habe darauf so reagiert …«, … dann hat das viele Vorteile:

- Unser Gegenüber bekommt wichtige Informationen, sodass es besser auf uns eingehen kann. »Ah, du brauchst diese Information über die neu installierte Software jeden Morgen bis um 9 Uhr. Ich dachte immer, es würde bis mittags reichen …«
- Wir geben unserem Gegenüber die Gelegenheit, etwas richtigzustellen. »Ach, du hattest den Eindruck, ich wäre wütend auf dich! Das tut mir leid, ich war noch ziemlich genervt, weil ich so lange keinen Parkplatz gefunden hatte.«
- Unser Gegenüber muss sich nicht erst gegen Unterstellungen wehren. Du-Aussage: »Du willst mir nie in Ruhe zuhören, wenn ich von diesem Projekt spreche! Dir ist das doch sowieso egal!« Ich-Aussage: »Ich muss unbedingt mit dir über dieses Projekt sprechen. Ich habe immer wieder versucht, einen guten gemeinsamen Zeitpunkt zu finden. Jedes Mal kam etwas dazwischen. Ich habe schon fast den Eindruck, dass das für dich nachrangig sein könnte. Und mir ist es so wichtig, das bis morgen zu klären.«

Es gibt auch Pseudo-Ich-Aussagen. Diese bewirken natürlich genau das Gegenteil.

Pseudo: »Ich finde, du solltest freundlicher reagieren!«

Sie können sich sicher vorstellen, wie begeistert das Gegenüber darauf reagieren wird!

Echte Ich-Aussage: »Ich ärgere mich, wenn du mich nicht anschaust, während ich dir von meinen neuen Ideen erzähle. Ich denke dann, dass sie dich überhaupt nicht interessieren, weil ich zurzeit unsicher bin, ob du meine neuen Ideen hören möchtest. Ich würde gerne wissen: Hast du gerade Zeit und Lust, dich mit meinen Ideen auseinanderzusetzen?«

Abbildung 8:
Sprechen wir von uns, kann unser Gegenüber leicht auf uns zukommen

Hilfreiche Satzanfänge für Ich-Aussagen sind:

»Mir geht es ...«

»Ich habe die Situation so wahrgenommen ... und deswegen habe ich mit Freude oder Wut oder Verständnis darauf reagiert.«

»Ich brauche ...«

»Ich wünsche mir ...«

»Ich habe von dem, was du gesagt hast, verstanden ...«

TIPP   **Ich-Aussagen geben unserem Gegenüber oft erst die Möglichkeit, auf uns zuzukommen und uns weiterzuhelfen. Eine Ich-Aussage lässt sich leicht daran erkennen, dass wir etwas von uns preisgeben. Unser Gegenüber bekommt Informationen über uns, mithilfe derer er uns besser verstehen kann.**

Statt zu sagen: »Das ist aus meiner Sicht völliger Blödsinn« (eine deftige Bewertung), ist es für unser Gegenüber sicher viel leichter, uns zu unterstützen, wenn wir zugeben: »Das kann ich gerade nicht nachvollziehen. Würdest du mir den Zusammenhang genauer erklären?«

Wenn Sie sich nicht sicher sind, ob Sie eine echte Ich-Aussage formuliert haben, fragen Sie sich: Über wen sagt diese Aussage mehr aus?

Wenn ich sage »Ich finde, du bist wirklich inkompetent und unzuverlässig.« Über wen erfahren wir dann vor allem etwas? Genau! Über mein Gegenüber. Wenn ich aber stattdessen sage: »Ich wünsche mir tägliche Rückmeldungen zu dem Projekt. Außerdem ist mir sehr wichtig, dass du mir sagst, falls du einmal nicht weiterkommst. Ich möchte Dich gerne zeitnah unterstützen können, damit wir das Projekt schnell umsetzen können.« – Hier erfahren wir viel mehr von meiner Seite.

Wenn Sie sich das bevorstehende Gespräch vorstellen und im Kopf durchspielen, versuchen Sie konsequent Ihre Aussagen in Ich-Aussagen zu formulieren. Machen Sie sich vor dem Gespräch mit der Technik vertraut. Es kann sich auch lohnen, das Gespräch mit einem anderen Gegenüber zunächst zu üben. Im Gespräch nehmen Sie sich immer wieder einen Moment Zeit, um Ihre nächste Aussage als Ich-Aussage zu formulieren. So wird ihr Gespräch viel effizienter und angenehmer verlaufen!

Es lohnt sich sehr, auf den Gesichtsausdruck des Gegenübers zu achten. Wenn unser Gegenüber ärgerlich reagiert, können wir die letzte Aussage sicher noch einmal konsequenter als Ich-Botschaft umformulieren.

2.4 Kopfkino

Nehmen Sie für den Moment einmal Folgendes ganz fest an: Mein Konfliktpartner schätzt mich und hat so gut gehandelt, wie er es konnte. Sie können diese Annahme als hilfreiche Arbeitshypothese sehen. Wir tun mal so als ob. Falls Sie wütend sind, ist das vielleicht eine hilfreiche Methode. Stellen Sie sich einmal testweise vor, es wäre so. Nur für eine Weile. Wie würde das Handeln Ihres Gegenübers dann Sinn ergeben?

Beispiel: Das liegen gebliebene Handy

Einmal rief eine Freundin an, die sehr wütend auf ihren Partner war. Er hatte sie versetzt und sich danach noch nicht einmal gemeldet. Das war jetzt schon sechs Stunden her! Mit jeder Minute wurde ihre Wut größer. »Wie kann er so respektlos sein? Bin ich ihm nicht mehr wichtig? Am Anfang der Beziehung wäre das sicher nicht passiert!!!« Nachdem ich den

Schilderungen gefolgt war, fragte ich vorsichtig: »Und Du bist sicher, dass es nicht einen anderen Grund geben könnte, warum er sich noch nicht gemeldet hat?« Sie hielt inne. Und dann musste sie fast lachen: »Ich habe ganz vergessen. Er hat ja heute früh sein Handy hier liegen lassen. Gut, anrufen konnte er wirklich nicht ... Und dann konnte er von unterwegs wirklich schlecht absagen ...«

In der einen oder anderen Variante kennen wir so eine Situation vermutlich alle. Wir haben unsere typisch menschlichen Ängste und Befürchtungen und aktivieren sie, sobald die Faktenlage negativ oder nur unklar erscheint. Vermutlich hat jeder irgendwann in seiner Vergangenheit einmal schmerzliche Erfahrungen gemacht, die in solchen Momenten wieder an die Oberfläche kommen können. Wenn uns eine Person besonders nahesteht, passiert es manchmal sogar noch schneller, dass alte Unsicherheiten auftauchen. Es kann sich durchaus lohnen, sich diese alten Unsicherheiten anzuschauen und sie gegebenenfalls auch in einem Coaching zu hinterfragen. Für den Moment und die aktuelle Situation hilft aber einerseits schon die 5-Punkte-Methode, da wir uns der Faktenlage bewusst werden. Andererseits können wir diese noch um die bewusste Annahme, unser Gegenüber will uns das Beste ergänzen. So fällt es uns viel leichter, andere Erklärungen zu finden, welche die Situation erklären würden. An dieser Stelle können wir das assoziative Denken unseres Gehirns für uns nutzen. Sie erinnern sich sicherlich, dass wir in düsteren Stimmungen besonders leicht düstere Erinnerungen aktivieren können? Andersherum gilt es genauso: Wenn wir uns intensiv vorstellen, dass uns unser Gegenüber schätzt und uns das Beste will, können wir von dieser Annahme aus besonders einfach positive Erklärungen für die Situation finden.

Für die Pessimisten unter uns sei Folgendes gesagt: Nehmen wir an, unser Gegenüber ist uns wirklich nicht wohl gesonnen. Dann können wir darauf immer noch reagieren, wenn wir es wirklich wissen, ohne unsere Gesundheit schon stundenlang vorher mit negativem Kopfkino belastet zu haben. Es ist also gesunder Egoismus, erst einmal anzunehmen, dass uns alle das Beste wollen!

In diesem Abschnitt haben wir uns mit der Konflikterzeugung durch sehr persönliche Annahmen beschäftigt. Als Nächstes schauen wir uns an, wie wir uns auch mit viel allgemeineren Annahmen wütend machen können. – Eine häufig erfolgreich praktizierte Strategie, welche sich sehr lohnt, immer seltener anzuwenden!

2.5 Wie wir uns erfolgreich wütend machen können – die Regenbogenwelt

Konflikte entstehen häufig auch, weil wir unrealistisch positive Annahmen über eine Situation haben. Auch diese Annahmen müssen uns noch nicht einmal bewusst sein.

Oft höre ich in Trainings Aussagen wie folgende: »Der Geschäftsführer hat in Harvard studiert, da kann er doch nicht so inkompetent mit seinen Mitarbeitern umgehen!!!«

Meine Antwort darauf ist die: Es gibt die Regenbogenwelt und die reale Welt. Die Regenbogenwelt ist die vorgestellte Welt, in der alles so ist, wie es sein sollte. Geschäftsführer sind sozial kompetent, Mitarbeiter sind aus sich heraus motiviert und ausschließlich in dem Job, den sie

Abbildung 9: Manchmal ärgern wir uns über den Unterschied zwischen dem, was richtig wäre und dem, was ist

lieben, und alle gehen freundlich und fair miteinander um. Und dann gibt es da noch die reale Welt: Nur weil ein Geschäftsführer in Harvard studiert hat, ist er noch lange nicht sozial kompetent, Mitarbeiter haben auch mal schlechte Tage oder ganz andere Sorgen und andere Beweggründe für ihren Job, viele Menschen sind verletzt und daher eher schwierig im Umgang ... Man kann nun sagen, dass die Regenbogenwelt aber richtig ist. Sie ist die moralisch richtige Welt und viele haben das Gefühl, dass sie ein Recht auf diese Welt haben. Ich kann dem nur zustimmen und sagen, dass ich auch finde, dass Führungspersonen und Mitarbeiter all die wunderbaren Eigenschaften haben sollten, die wir uns von ihnen wünschen. Das Problem ist nur, dass unser Fokus auf das, was sein sollte, den Blick auf das verstellt, was wirklich ist. Wir können nicht mit jemandem zusammenarbeiten, gut verhandeln oder gar einen Konflikt lösen, wenn wir so tun, als wäre er ganz anders, als er ist. Nur wenn wir uns der – vielleicht enttäuschenden Wahrheit (eine Täuschung fällt von uns ab) – stellen, können wir im Kontakt mit der Person das Bestmögliche erreichen.

Wenn wir uns der Realität stellen und uns auf eine reale Lösung mit unserem Gegenüber geeinigt haben, ist das das Bestmögliche. Und das kann mehr sein, als wir uns vorher erhofft hätten. Es kann aber natürlich auch sein, dass die Erkenntnis, was mit dieser Person möglich ist, und die folgende Lösung sehr ernüchternd ausfallen.

So oder so können wir nur von der realen Situation ausgehen. Mehr als das Bestmögliche für diese Situation, mit dieser Person gibt es für den Moment nicht. Wenn wir das Ergebnis nicht akzeptieren können, macht es Sinn, die Situation ganz zu verändern. Ich denke oft an das bekannte Motto ›Love it, change it or leave it‹. – Liebe deine Situation, verändere sie oder verlasse sie. In schwierigen Situationen können wir uns fragen: Was ist mir wichtig? Welche Bedingungen für die Zusammenarbeit oder Beziehung möchte ich auf jeden Fall erfüllt haben? Wie kann ich das in diesem Fall erreichen? Falls ich es nicht erreichen kann, welche Alternativen sehe ich? (Wenn Sie den Eindruck haben, Ihre Situation ist nicht mehr positiv zu gestalten, finden Sie im späteren Kapitel *Trennung kann eine Lösung sein* auf Seite 82 ff. noch weitere hilfreiche Gedanken.)

TIPP   **Wenn wir aufhören, uns darüber zu ärgern, dass die Realität nicht unsere Erwartungen erfüllt, können wir real umsetzbare Lösungen finden.**

Der zu gut bezahlte Chef und der faule Mitarbeiter

Gerade haben wir uns mit zu positiven Annahmen beschäftigt, die eine Konfliktlösung erschweren können. Aber natürlich können uns auch negative Annahmen oder unbewusste Glaubenssätze im Weg stehen. Wie können wir uns also noch zusätzlich erfolgreich wütend machen und vielleicht sogar Konflikte aus dem Nichts erschaffen?

›Hilfreich‹ sind hier Glaubenssätze wie: »Vorgesetzte sind grundsätzlich zu gut bezahlt und inkompetent. Mitarbeiter denken selber viel zu wenig und sind sowieso faul und unmotiviert. Und überhaupt ist die Welt schlecht.«

Wie führen uns solche oder ähnliche Glaubenssätze in Konflikte? Es gibt im Leben viele Situationen, die einer Interpretation bedürfen. Und sobald wir nicht sicher sind, warum ein Mitarbeiter oder eine Führungskraft auf eine bestimmte Weise gehandelt hat, springen unsere Vermutungen – unsere oft gar nicht bewussten Glaubenssätze ein, um uns die Welt zu erklären. Geht der Mitarbeiter früher als sonst aus dem Büro – klar: faul und unmotiviert. Dabei hat er vielleicht gerade einen neuen Kunden akquiriert und stattet ihm noch spontan einen Besuch ab. Oder der Chef fährt nicht nur mit einem neuen Auto auf den Hof, er grüßt dann noch nicht mal – klar: zu gut bezahlt und dann noch nicht einmal Manieren. Aber vielleicht hat er lange auf das Auto gespart oder etwas geerbt und war dann gerade abgelenkt, als er natürlich hätte grüßen wollen ...

Ich habe auch für mich festgestellt, dass es sich immer, wenn ich wütend bin, lohnt, mir zu überlegen, was ich eigentlich erwartet hatte. Hatte ich eine unrealistisch positive oder negative Erwartung? Was habe ich übersehen? Will mein Gegenüber vielleicht in meinem Sinne handeln, tut es aber auf eine ganz andere Weise, als ich es tun würde?

Vielleicht passiert es Ihnen auch, dass Sie hin und wieder überrascht sind, wie schnell sich Wut auflösen kann, wenn Sie sich in Ruhe überlegen, welche Erwartung sie unbewusst gehegt haben.

TIPP

Wenn wir wütend sind, lohnt es sich sehr, uns zu fragen: Was hatte ich eigentlich erwartet? Wenn wir unsere Erwartungen hinterfragen und loslassen, können wir die Realität wieder wahrnehmen. Und oft ist dann die Wut bereits verraucht.

2.6 Grenzen setzen

Gehen wir davon aus, dass Sie Ihr Gegenüber so klar und unverstellt wie möglich sehen und alles gegeben haben, was Ihnen möglich war. Und die andere Person fährt fort, Sie auf sehr unpassende Weise zu behandeln. Dann geht es nun ans Grenzen setzen. Aber genau das fällt sehr vielen Menschen schwer.

Wenn Sie denken, dass Ihr Gegenüber eine arme Person ist und Sie doch nichts gegen sie oder ihn sagen dürften ... bedenken Sie Folgendes: Nur weil Sie das negative Verhalten einer Person nachvollziehen können, tun Sie niemandem einen Gefallen, wenn Sie dieses tolerieren. Im Gegenteil! Wenn Sie anderen erlauben, Ihre Grenzen zu verletzen, laden Sie diese quasi dazu ein, das auch weiterhin zu tun. Und so verstärken Sie automatisch die destruktive Seite der anderen Person. Das ist weder für Sie noch für die andere Person gut!

Carina, die wir schon aus dem vorherigen Beispiel kennen (Kapitel 2.2 *Durch die Augen des anderen schauen* ab Seite 63), könnte Folgendes zu ihrem Kollegen Paul sagen:

Beispiel: Die junge Carina setzt ihrem erfahrenen Kollegen Grenzen
»Ich respektiere deine umfassende Erfahrung sehr. Und deine Sichtweise ist immer sehr hilfreich und spannend für mich. Leider ist letztens etwas passiert, worüber ich mich immer noch ärgere. Du hast vor anderen Kollegen gesagt: ›Carina kriegt das schon hin, falls sie nicht wieder vom Thema abkommt.‹ Wenn dich etwas stört, möchte ich, dass du mir das unter vier Augen sagst. Auf diese Aussage vor Kollegen habe ich sehr verärgert reagiert, vor allem, da du mir das vorher noch nicht selber gesagt hattest.

Für unsere Zusammenarbeit ist mir sehr wichtig, dass wir uns respektvoll behandeln. Ich möchte weiterhin gut mit dir zusammenarbeiten. Bitte sag mir direkt, wenn dich etwas stört. Dann haben wir hoffentlich wieder so viel Spaß zusammen, wie die Wochen vor diesem Zwischenfall!«

Grenzen setzen ist immer dann wichtig, wenn Ihre Grenze verletzt wurde – ob absichtlich oder unabsichtlich. Sobald Sie mit einer Grenzüberschreitung konfrontiert sind, handeln Sie! Falls das spontan nicht geht, können Sie das auch später noch ansprechen. Agieren Sie aber auf jeden Fall, damit die Grenzüberschreitung für Ihr Gegenüber nicht zur Gewohnheit werden kann.

Abbildung 10:
Frühzeitiges
Grenzen setzen
kann uns eine
Menge Ärger
ersparen!

Bei direkten verbalen Angriffen sind zwei sehr effektive Reaktionen das Nachfragen und das Verzögern.

Beispiel für klärendes Nachfragen

»Der Bericht ist ja ganz gut geworden ... Sie haben ja ganz schön viel Spaß mit Ihrem Kollegen gehabt ...!«

Nehmen wir an, der Unterton gefiele Ihnen gar nicht, da er zum Beispiel anklagend klingen würde. Sie könnten antworten: »Was genau meinen Sie damit?« Dann muss Ihr Gegenüber die Fantasie, die er vielleicht wecken wollte, benennen. Oder er korrigiert den Eindruck.

Verzögern: Wenn der Angriff Sie richtig sprachlos macht, ist das ebenfalls eine gute Alternative.

Beispiel: Wie Sie sich nach einem Angriff Zeit verschaffen

»Wie konnten Sie bei diesem Kunden dieses kurze Kostüm anziehen?! Haben Sie in Ihrer bisherigen Berufslaufbahn denn gar nichts gelernt?!!!«

Um sich Zeit zu verschaffen und sich gleichzeitig davon zu distanzieren, könnten Sie Folgendes antworten: »Darauf bekommen Sie in den nächsten Tagen eine Antwort von mir.«

Vielleicht ist es passend, anschließend direkt zu gehen.

Die fehlende Zeitangabe in dem Beispiel führt dazu, dass Sie entspannt eine gute Antwort oder auch eine grundsätzliche Reaktion finden können. Ihr Gegenüber ist nun aber in Erwartungsspannung und weiß, dass etwas passieren wird. So sind Sie aktiv und wirken nicht hilflos und sind es auch nicht. Und Ihr Gegenüber nimmt die Erwartungsspannung vielleicht zum Anlass, auch noch einmal über die Situation nachzudenken.

Und dann wenden Sie die 5-Punkte-Methode an und klären die Situation für sich. Im nächsten Gespräch sollten Sie den Angriff unbedingt ansprechen.

Wie auch immer Sie spontan reagiert haben – wenn die Situation sich schlecht anfühlt und ungeklärt ist, können Sie immer um ein Gespräch bitten. Und auf das bereiten Sie sich am besten gut vor.

(Falls Sie sich häufiger über Sprachlosigkeit ärgern, empfehle ich Ihnen diese Bücher: *Die etwas intelligentere Art, sich gegen dumme Sprüche zu wehren: Selbstverteidigung mit Worten* von Barbara Berckhan und *Schlagfertigkeit* von Matthias Nöllke.)

Die wichtigste Regel bei Grenzüberschreitungen: Agieren statt Reagieren

Wenn Sie immer wieder Konflikten aus dem Weg gehen, diese aushalten und nur noch reagieren, können diese weiter eskalieren. Und das kann sogar zu Mobbing führen. Überlegen Sie in Ruhe Ihre nächsten Schritte, holen Sie sich vielleicht auch Unterstützung und dann handeln Sie!

2.7 Trennung kann eine Lösung sein

Oft können wir mit hilfreichen Methoden das gute Arbeitsklima wieder-
herstellen. Oder wir klären unsere Freundschaft oder Beziehung und
sind wieder glücklich. Es kann aber sein, dass unsere Bedürfnisse und
konkreten Vorstellungen und die unseres Gegenübers tatsächlich nicht
vereinbar sind.

Abbildung 11: Eine Trennung kann die beste Lösung für alle sein

Beispiel: Der cholerische Auftraggeber

Ich hatte vor einigen Jahren einen Auftraggeber, dem respektvolle Kommunikation einfach nicht wichtig beziehungsweise nicht möglich war. Seine eigenen Angestellten schrie er regelmäßig an und auch mir gegenüber erlaubte er sich einmal einen sehr unfreundlichen Kommentar. Ich sprach ihn darauf an und machte deutlich, dass ich dieses Projekt nur mit respektvoller Zusammenarbeit mit ihm weiterführen würde. Er schaffte es nach dieser Grenzsetzung tatsächlich, sich professionell zu verhalten und keine Grenze mehr zu überschreiten. Dennoch empfand ich die Zusammenarbeit nicht als angenehm. Von Projekt-Kollegen hörte ich ständig von ihrer Wut und Verzweiflung, die im Kontakt mit diesem Auftraggeber aufkam. Ich arbeitete danach nie wieder mit ihm zusammen.

Gehen wir davon aus, Sie haben sich gut vorbereitet und ehrliche Gespräche geführt. Dennoch kommen Sie zu dem Schluss, dass Sie unter diesen Bedingungen nicht zusammenarbeiten wollen. Dann kann eine Kündigung, eine Versetzung oder Umverteilung der Projektaufgaben sehr erleichternd für alle Beteiligten sein. Wie sagt der Volksmund so schön: Lieber ein Ende mit Schrecken als ein Schrecken ohne Ende. Sie entscheiden über Ihr Leben. Sie entscheiden, womit Sie umgehen möchten und womit nicht. Und vielleicht bedeutet das, dass Sie das Risiko eingehen, einen fachlich kompetenten Angestellten zu verlieren, einen neuen Job, neue Auftraggeber oder vielleicht sogar einen neuen Lebenspartner finden zu müssen. Es gibt Situationen, in denen das die beste Lösung sein kann.

Zum Thema Beenden von Liebesbeziehungen hat Sabine Asgodom die schönste Sichtweise gefunden, die ich kenne. Wenn man mit seinem Partner nicht mehr glücklich ist, könne man ihm durch eine Trennung die Chance geben, (von jemand anderem) wieder wahrhaft geliebt zu werden.

Grundsätzlich gilt: Wenn eine Beziehung, egal ob geschäftlich oder privat, trotz intensiver Versuche nicht so zu gestalten ist, wie wir es uns wünschen, sollten wir ernsthaft über eine Trennung nachdenken. Es könnte sich lohnen, den bekannten Spruch: ›Lieber das bekannte Unglück als das unbekannte Glück‹ zu widerlegen!

2.8 Exkurs: Männer und Frauen sind manchmal unterschiedlich

Über viele Trainingsjahre hinweg habe ich immer wieder die Erfahrung gemacht, dass es trotz all der Gleichberechtigung und Gleichstellung zwischen den Geschlechtern Unterschiede gibt. Das gilt natürlich nicht für jeden Mann und jede Frau. Beide können klassisch männliche oder weibliche Eigenschaften besitzen. Ich habe mich entschieden, den Punkt trotzdem aufzunehmen, weil er einfach für viele Menschen gilt. Ich denke mir, Sie können am besten entscheiden, ob das für Sie ein hilfreicher Hinweis ist!

Besonderheiten bei Männern

In meinen Trainings fällt mir immer wieder auf, dass es für einige Männer besonders herausfordernd ist, ihre Gefühle klar zu sortieren und ihre Wertschätzung für ihr Gegenüber auszudrücken. Gleichzeitig ist es für sie oft sehr interessant zu entdecken, dass Gefühle und auch die Wertschätzung trotzdem in ihnen sind, wenn sie mit etwas Zeit und Geduld danach suchen.

Wenn es Ihnen nicht so leichtfällt, Gefühle zu benennen und Wertschätzung auszudrücken, finden Sie mindestens drei Gefühle und mindestens drei Dinge, die Sie an Ihrem Gegenüber wertschätzen. Dann
haben Sie eine gute erste Grundlage, um die Situation überschauen zu
können.

Abbildung 12: Für manche Männer lohnt es sich besonders, das Ausdrücken von
Wertschätzung zu trainieren

Beispiel: Führungskraft Meier wird sich seiner Gefühle gegenüber seinem Angestellten bewusst, welcher Projekte wiederholt zu spät beendet hat

Herr Meier reagiert auf seinen Angestellten Herrn Müller genervt. Herr Müller hat seine Projekte in letzter Zeit zwei Mal zu spät beendet. Herr Meier findet es schwierig, mehr zu seinen Gefühlen zu sagen, als dass er genervt ist. Seine drei Gefühle:

- *Wut*
- *Trauer (Zuerst nannte er Enttäuschung. Hier haben wir aber wieder ein Pseudogefühlswort, welches Schuld zuweist. Auf die Frage, wie er sich fühlte, als die Täuschung von ihm abfiel, kam die Antwort »traurig«.)*
- *Hilflosigkeit*

Insbesondere männliche Trainingsteilnehmer fragen dann oft: »Ich soll meinem Mitarbeiter sagen, ich sei traurig?« Dass müssen Sie in dieser Formulierung nicht tun. Wichtig ist aber, dass Sie zunächst einmal selber spüren, dass Sie es sind – sofern Sie es sind. Dann können Sie später immer noch schauen, ob und wie Sie das formulieren.

Beispiel für eine businessgeeignete Formulierung für den Fall, dass Sie sich hilflos fühlen

»Sie haben innerhalb der letzten drei Monate zwei Projekte zu spät beendet. Das ist für mich sehr unangenehm, da ich dann vor unserem Kunden dafür geradestehen muss. Da das Ihre Projekte sind, habe ich keinen Einfluss darauf (Hilflosigkeit). Ich fühle mich dann gestresst und werde wütend. Ich halte Sie für einen sehr kompetenten Mitarbeiter, weswegen ich diese Vorfälle besonders schlecht nachvollziehen kann. (Was müsste passieren, damit Sie sich an die Absprachen halten können?)«

Die zweite Herausforderung für Männer ist oft, Wertschätzung auszudrücken. Schauen wir uns das in dem Beispiel von Herrn Meier an:

Beispiel: Führungskraft Meier formuliert seine Wertschätzung für seinen Angestellten, welcher Projekte wiederholt zu spät beendet hat

Die drei wertschätzenden Punkte:
- *Sie sind sehr kompetent in der konkreten Projektumsetzung.*
- *Ihre innovativen Ideen haben dieses Unternehmen oft weitergebracht.*
- *Sie reagieren immer offen und freundlich und Besprechungen mit Ihnen sind stets angenehm.*

Falls Sie als Mann (oder auch als Frau) merken, dass es für Sie schwierig ist, Gefühle zu benennen und Wertschätzung auszudrücken, kann ich Ihnen nur gratulieren! Dann haben Sie etwas geschafft, was ziemlich schwierig ist: Sie haben einen blinden Fleck entdeckt! Und Sie haben Themen entdeckt, welche Ihre privaten und geschäftlichen Beziehungen unglaublich positiv verändern können! Jetzt kommt der vergleichsweise einfachere Schritt: Probieren Sie das neue Verhalten so lange aus, bis es Ihnen ganz leichtfällt.

Sie werden im letzten Kapitel ›Konflikt-Immunität‹ aufbauen ab Seite 161 noch einige hilfreiche Tipps bekommen, um leichter und häufiger Wertschätzung auszudrücken.

Ansonsten kann ich Ihnen das empfehlen, was bei dem Beginn von neuem Verhalten immer Sinn macht und Sie schon in der Einleitung gelesen haben: Nehmen Sie sich das neue Verhalten täglich vor und üben Sie es konsequent. Bitten Sie Ihr Umfeld, Ihnen Rückmeldung über Erfolge zu geben. Belohnen Sie sich, wenn Sie selber Erfolge bemerken. Und nehmen Sie es leicht! Jeder kleine Schritt lohnt sich und Verhalten, welches Sie viele Jahre gepflegt haben, darf sich durchaus auch über einen längeren Zeitraum wieder verändern!

Besonderheiten bei Frauen

Im Gegensatz zu vielen männlichen Teilnehmern erlebe ich bei Trainingsteilnehmerinnen hingegen oft die Herausforderung, Bedürfnisse und Ziele klar und deutlich auszusprechen. Und es fällt ihnen manchmal schwer, sich ganz bewusst zu erlauben, etwas wünschen zu *dürfen*. Das kann Übung erfordern. Falls es Ihnen auch so geht, ist es hilfreich, Ihre Bedürfnisse und Ziele besonders deutlich herauszuarbeiten und sich diese vor dem Gespräch klar vor Augen zu halten.

TIPP **Um Ihre Ziele klar vertreten zu können, überlegen Sie sich mindestens fünf Gründe, warum Sie ein Recht darauf haben, diesen Wunsch zu hegen und auszusprechen.**

Beispiel: Eine Frau, die sich behauptet

Frau Seger, angestellte Designerin, möchte von Ihrem Chef möglichst zeitnah informiert werden, wenn er von dem Kunden etwas zu dem Design erfahren hat. Ihr Chef ist ein viel beschäftigter Mann. Und es ist schon vorgekommen, dass ein Kunde in einem Gespräch über ein ganz anderes Thema ein paar Kommentare zum neuen Design fallen ließ. Zwei Tage später wusste auch Frau Seger davon – als die vom Kunden zuvor abgesegnete Version schon im Druck war.

Abbildung 13: Für manche Frauen lohnt es sich besonders, das klare Vertreten ihres Standpunktes zu trainieren

Sie hatte bisher zu großes Verständnis für den Zeitdruck des viel beschäftigten Chefs.

Ihre fünf Gründe für eine schnelle Rückmeldung:
- *Um dem Kunden seine Wünsche erfüllen zu können, muss ich wissen, was er sich wünscht.*
- *Um Materialkosten sparen zu können, sollte ich so schnell wie möglich über Meinungsänderungen des Kunden informiert werden.*
- *Meine Arbeitszeit sollte ich sinnvoll einsetzen, um für das Unternehmen möglichst viel Mehrwert schaffen zu können. Wenn ich das alte Design optimiere, während der neue Wunsch schon geäußert ist, ist das Zeitverschwendung.*
- *Die Kundenmeinung weiterzugeben, kostet normalerweise lediglich zwei bis vier Minuten. Ein Hinweis, den Kunden einfach noch einmal anzurufen, kostet sogar nur eine Minute. Das sollte auch für den Chef möglich sein.*
- *Mein Chef zeigt mir durch die Informationsweitergabe, dass ihm das Design wichtig ist und er meine Position ernst nimmt.*

Es geht nicht darum, dass Frau Seger ihrem Chef diese Gründe aufzählt. Falls es ihr notwendig erscheinen würde, könnte sie den ein oder anderen Grund anbringen. Es geht darum, dass sie so ihrem Chef selbstbewusster entgegentreten kann.

Falls Sie merken, dass es für Sie herausfordernd ist, Bedürfnisse und Wünsche zu äußern, kann ich wiederum nur gratulieren! Auch Sie haben die Schwierigkeit gemeistert, einen blinden Fleck zu entdecken! Ab jetzt kann ihr Leben schnell leichter werden! Vielleicht fangen Sie ja sogar schon heute an, sich Ihre Wünsche deutlicher bewusst zu machen und auszudrücken! Und denken Sie daran, Ihr Umfeld um positive Veränderungsrückmeldungen zu bitten, sich selbst für Erfolge zu belohnen und die Veränderungszeit leicht zu nehmen! Viel Freude dabei!

2.9 Reaktionen und Situationen, die uns herausfordern

Gerade haben wir uns angeschaut, was klassische Herausforderungen für Männer und Frauen sind. Vielleicht haben Sie entdeckt, dass es Ihnen ähnlich geht. Vielleicht liegen Ihre Herausforderungen aber auch ganz woanders. Wissen Sie schon, was Ihre besondere Konflikt-Sorgenversion ist?

Beispiel: Ein Cappuccino, der aus der Fassung bringt
Einer meiner Coaching-Klienten wirkte sehr selbstsicher, hatte klare Ziele und berichtete, dass er sich immer gut auf Gespräche vorbereiten würde. Vor unserem Rollenspiel – der Simulation des Konfliktgespräches – fragte ich mich, was ihm überhaupt schwerfallen könnte. Als ich als Test-Gegenüber im ersten Durchlauf Verständnis signalisierte, verlor er den roten Faden. Weil sein Gegenüber nett und freundlich war, war es ihm zuerst fast unmöglich, eigene Wünsche anzumelden. Anschließend fiel ihm auf, dass es ihm mit seiner Vorgesetzten besonders schwerfällt, schwierige Themen zu besprechen, wenn Sie ihm als Erstes freundlich einen Cappuccino anbietet.

Es gibt unterschiedliche Reaktionen, die uns die Konfliktlösung erschweren können. Wenn Sie vergangene Konflikte Revue passieren lassen und Wiederholungen bemerken, sind Sie sich schon auf die Spur gekommen. Folgende Fragen können Ihnen dabei helfen. Vielleicht spricht Sie nicht jede Frage gleich an. Denken Sie in Ruhe über die Fragen nach und beantworten Sie die Fragen, welche Sie ansprechen.

 Fragen, um Ihren persönlichen Herausforderungen auf die Schliche zu kommen

Welche Konflikte des letzten Jahres fand ich am schwierigsten? Was war daran so herausfordernd? Gab es Wiederholungen?

Bei welchen Konflikten würde ich am liebsten jemand anderen zum Lösen hinschicken? Welche Situation würde ich am liebsten vermeiden?

Bei welchen Konflikten ist es mir besonders schlecht gelungen, ruhig zu bleiben, meine Position zu vertreten oder Lösungen zu finden? Welche Faktoren
haben dazu geführt?

_____

_____

_____

_____

_____

_____

Wenn Sie wissen, welche Bedingungen für Sie besonders schwierig sind,
können Sie den Umgang mit genau diesen üben. Am Ende dieses Ka-
pitels werde ich Ihnen vorschlagen, Ihr anstehendes Konfliktgespräch
einmal mit einem Test-Partner zu üben. Das kann ein Kollege, eine
Freundin oder einfach eine Person sein, der Sie vertrauen und von der
Sie ehrliches Feedback erwarten. Diese Person können Sie auch bitten, gemeinsam zu überlegen, wie Sie auf Ihre Sorgenversion reagieren
könnten. Und wenn Sie Lösungsmöglichkeiten entwickelt haben, probieren Sie diese im Rollenspiel aus. Wenn Sie mit Tipps und Strategien
gewappnet sind und diese sogar schon ausprobiert haben, fühlen Sie
sich bestimmt viel wohler. Schlimmer kann es ja nicht mehr werden!
Und wenn Sie Ihre Sorgenversion erfolgreich durchgespielt haben, kann
das Gespräch nur leichter werden.

Manchmal sind es aber nicht nur die Reaktionen unseres Gegenübers,
sondern auch bestimmte Randbedingungen, welche Konflikte eskalieren
lassen oder die Lösung erschweren. Für mich habe ich zum Beispiel
festgestellt, dass ich am Tag viel besser mit meinem Konfliktpartner

umgehen kann als nachts. Relativ einfach zu verändernde Bedingungen wie satt oder hungrig, ausgeschlafen oder müde, tags oder nachts, nach einem Telefonat mit einem Unbeteiligten oder spontan, ... können große Auswirkungen auf unsere Geduld, unsere Kreativität und unser Einfühlungsvermögen haben. Wie ist das bei Ihnen?

Wir können also die Randbedingungen so gut wie gerade möglich gestalten. Und dann haben wir vielleicht noch weitere Strategien, die wir in unserer Vergangenheit bereits bei erfolgreich gestalteten Gesprächen angewandt haben. Diese Strategien sind oft auch auf schwierige Gespräche übertragbar. Daher lohnt es sich, sich auch folgende Fragen zu stellen:

 Fragen, um Ihren persönlichen Lösungsfähigkeiten auf die Schliche zu kommen

Welche Konflikte des letzten Jahres konnte ich gut lösen? Was hat es mir leicht gemacht? Gab es Wiederholungen?

_____

_____

_____

_____

_____

Bei welcher Sorte Konflikte bleibe ich besonders gelassen? Was genau hilft mir dabei, gelassen zu bleiben? Was mache ich anders als bei Konflikten, welche mich mehr belasten?

_____

_____

_____

_____

_____

Bei welchen Konflikten ist es mir besonders gut gelungen, ruhig zu bleiben, meine Position zu vertreten oder Lösungen zu finden? Welche Faktoren haben dazu geführt?

_____

_____

_____

_____

_____

Vielleicht entdecken Sie, dass Sie bei erfolgreichen Konfliktlösungen einiges anders gemacht haben als in schwierigeren Situationen. Ist davon vielleicht etwas auf schwierigere Situationen übertragbar?

Sie wissen jetzt, was für Sie eher leicht oder eher schwierig ist. Oder möchten Sie sagen: »Das weiß ich eigentlich nicht so genau!"? Dann gibt es hier eine weitere Möglichkeit, eine Antwort zu finden:

Finden Sie heraus, welche Fragen der 5-Punkte-Methode Ihnen besonders leicht fallen und welche für Sie schwieriger zu beantworten sind. Vermutlich sind die Fragen, zu denen Ihnen nicht so leicht eine Antwort in den Sinn kommt, gerade die Fragen, von denen Sie am meisten profitieren werden.

Und falls Sie immer noch mehr über sich erfahren wollen: Fragen Sie Familie, Freunde und Kollegen! Andere sehen unsere Stärken und Schwächen meist am schnellsten! Bitten Sie beim Fragen aber unbedingt, sowohl die Schwächen als auch die Stärken zu benennen. Das ist für alle Beteiligten angenehmer!

Wenn wir wissen, wo unsere Stärken und Schwächen liegen, können wir die Stärken bewusster einsetzen und unsere Schwächen durch Üben langsam in Stärken verwandeln.

In meinen Trainings stelle ich neben eine sanfte Person oft eine Power-frau oder einen sehr selbstbewussten Mann und lasse dann einmal die aktivere und etwas aggressivere Person aussprechen, was sie denken oder sagen würde. Das ist für die sanfte Person oft eine Offenbarung. Wir gehen natürlicherweise davon aus, dass die Welt so (und nur so!) funktioniert, wie wir denken. Wenn wir dann zu unserer vertrauten Situation eine völlig andere Handlungsalternative gezeigt bekommen, kann das eine ganz neue Möglichkeit und damit große Freiheit für uns bedeuten.

Andererseits kann einer sehr zielstrebigen und aggressiven Person eine sanfte und einfühlsame Person leicht die Augen öffnen.

Wenn Sie Menschen mit sehr unterschiedlichen Charaktertypen kennen, nutzen Sie die Chance eine Anregung aus einer ganz anderen
Perspektive zu bekommen. Oft entsteht dadurch ein gegenseitiger
Austausch, der sehr bereichernd und auch durchaus unterhaltsam sein
kann!

2.10 Mit einem entspannten Konfliktpartner lässt sich alles leichter lösen

Neben unseren inneren und äußeren Bedingungen gibt es natürlich
auch innere und äußere Bedingungen unseres Gegenübers. Sofern wir
mit Geschäftspartnern, Mitarbeitern, Vorgesetzten und natürlich Le-
benspartnern und Familie häufig zu tun haben, lohnt es sich, auch über
deren bevorzugten Konfliktlösungsbedingungen nachzudenken. Was
hilft Ihrem Geschäftspartner, ruhig mit Ihnen eine schwierige Situation
klären zu können? Braucht er nach langer Autofahrt erst einmal in Ruhe
einen kleinen Snack und etwas zu trinken? Ist er jemand, der sich in
Bewegung gut entspannen kann? – Wäre es dann für Sie vielleicht auch
eine Option, das Thema während eines Spaziergangs im nahe liegenden
Park zu besprechen?

Und wie ist das in unserem Privatleben? Was braucht unser bester
Freund, bevor wir ihn auf den Zusammenstoß der letzten Woche ansprechen?

Wenn Sie einen oder mehrere Lieblingskonfliktpartner in Ihrem Leben
haben, finden Sie die Konfliktlösungsbedingungen, die für diese
hilfreich sind. Falls Sie es nicht ohnehin wissen, ist einfach Fragen

eine gute Lösung! – Entweder in entspannten Zeiten oder auch direkt vor dem nächsten Konfliktgespräch. »Gibt es etwas, dass ich für Sie tun kann, damit es ein möglichst entspanntes Gespräch für uns beide wird? Mir hilft vorher besonders eine kurze Pause an der frischen Luft. Was kann ich für Sie tun?« Ganz nebenbei ist das eine wunderbare Art, dem Konfliktpartner ganz konkret Wertschätzung zu zeigen.

Genau wie bei uns, können wir für unser Gegenüber gute Bedingungen schaffen und schwierige Aspekte möglichst weglassen. Was könnte bei Ihrem Gegenüber ein schwieriger Aspekt sein? Eine Möglichkeit sind wunde Punkte. Das kann bei unserem Geschäftspartner der kleine Hinweis (und Seitenhieb) auf ein gescheitertes Projekt sein. Bei unserem Mitarbeiter erhöht sich vielleicht der Stress, wenn wir unnötig die Meinung eines anderen Vorgesetzten (der natürlich unserer Meinung ist!) einbringen. Bei Freunden und Partnern ist uns nach einer Weile meist recht bewusst, was sie auf die Palme bringt.

Die guten Bedingungen für unser Gegenüber zu schaffen und die unnötige Erwähnung wunder Punkte zu unterlassen, macht es allen leichter!

2.11 Was ist, wenn mein Konfliktpartner wirklich ein ›böser‹ Mensch ist?

Sie haben sich eben eine ganze Weile mit vergangenen Konflikten beschäftigt. Ist Ihnen dabei einer in den Sinn gekommen, bei denen Sie einen besonders anstrengenden Konfliktpartner hatten?

Manchmal sagen mir Trainingsteilnehmer oder andere Mitmenschen, dass ihr Konfliktpartner völlig unmöglich ist. – Und dass sie für diese Person ganz bestimmt keine Wertschätzung empfinden können. Wenn Sie es mit einem Konfliktpartner dieser Art zu tun haben, probieren Sie Folgendes:

Gedankenexperiment: Mein Konfliktpartner, der ›böse‹ Mensch
Stellen Sie sich vor, wie beschränkt, gemein, inkompetent und unmöglich dieser Mensch ist! Vielleicht sogar unverschämt! Stellen Sie es sich ganz genau vor.
Und jetzt stellen Sie sich vor, Sie wären dieser Mensch 24 Stunden am Tag, 7 Tage die Woche.
Sehen Sie, wie andere Menschen auf Sie reagieren?
Wie fühlen Sie sich dabei? Was kriegen Sie zu hören?
Auch wenn Sie sagen, dieser Mensch bekommt nicht oft ehrliche negative Rückmeldungen ...
Würden Sie mit diesem Menschen tauschen wollen?

Dieser Mensch hat sich immer, seine Beschränkungen, seine Inkompetenz, ist vielleicht sehr unzufrieden mit seinem Job und daher unmotiviert. Er schaut oft griesgrämig, ist frustriert und unfreundlich. Alle oder viele fluchen, nachdem sie bei ihm waren. Das heißt, er bekommt ständig negatives Feedback, ständig schaut er in verärgerte oder sogar wütende Gesichter. Wie muss so ein Leben sein?!

Haben Sie jetzt Mitgefühl?

Was wäre, wenn Sie es schaffen würden, diesem Menschen mit Respekt und Verständnis zu begegnen?

Uns ist vermutlich völlig unklar, warum dieser ›unfassbar inkompetente Mensch‹ in diesem Job ist ... – An dieser Stelle können wir uns bewusst machen, dass wir einfach nicht wissen, warum diese Person den Job oder diese Aufgabe trotz allem macht. Vielleicht hat er Angst, keine Alternative zu haben. Vielleicht fühlt er sich ohnehin klein, hässlich und inkompetent. Vielleicht hat er ein Kind zu versorgen und traut sich daher nicht zu kündigen. Vieles ist denkbar.

Und jetzt schauen Sie auf Ihr Leben. Vermutlich ist Ihr Leben schöner als das von diesem unmöglichen Menschen. Oder? Vielleicht ist dieser Mensch sogar eine gute Erinnerung daran, dankbar sein zu können, dass wir es selber so gut haben.

2.12 Entscheiden Sie, was Sie sagen möchten

Bis zu diesem Zeitpunkt haben Sie sich schon mit vielen Themen der Konfliktlösung auseinandergesetzt. Wenn Sie einen akuten Konflikt haben, hat sich Ihre Perspektive auf diesen vielleicht schon während des Lesens dieses Buches verändert.

Jetzt ist der Zeitpunkt, Ihre Notizen durchzuschauen und zu entscheiden, was Sie davon Ihrem Gegenüber mitteilen möchten. Am Besten ist es, alle Antworten (bis auf die Frage: Was könnte mein Gegenüber an mir schätzen?) mitzuteilen.

Allerdings gilt: Wenn Ihre Wut schon verraucht oder Ihr Frust nicht mehr so präsent ist, sind Ihre Gefühlsbeschreibungen vielleicht schon Vergangenheit. Dann können Sie diese weglassen. Wie schon erwähnt, ist das im Sinne der Authentizität aber nur sinnvoll, wenn Sie im Gespräch wirklich ruhig und freundlich bleiben können.

Haben sich vielleicht noch andere Antworten verändert? Haben Sie in der Zwischenzeit noch eine neue Lösungsidee entwickelt?

Schreiben Sie sich alles auf, was Ihnen wichtig zu sagen ist. Dadurch bekommen Sie noch einmal einen guten Überblick und auch etwas Abstand zu Ihrer Situation. Fühlen Sie sich gut mit Ihren Antworten? Sind diese ehrlich? Sagen Ihre Antworten, was Sie wirklich meinen und wollen? Falls Sie noch nicht ganz zufrieden sind, können Sie diese verändern. Manche fragen noch einmal andere um Rat, andere schlafen noch eine Nacht darüber. Was auch immer Sie tun – am besten beginnen Sie das Gespräch erst, wenn Sie wirklich zu Ihren Antworten stehen können.

Ob Sie diese Notizen dann mit in das Gespräch nehmen oder nicht, ist Ihre Entscheidung. Falls Sie erwarten sollten, dass Sie nervös sein werden, nutzen Sie Ihren Zettel oder Ihre Kärtchen. Wenn das zu Ihrer Entspannung beiträgt, macht das auf jeden Fall Sinn. Manche meiner Teilnehmer haben die Kärtchen mitgenommen und waren dadurch so beruhigt, dass sie diese doch nicht brauchten. Auch das kann passieren.

2.13 Üben Sie das Konfliktgespräch

Bevor Sie das Üben beginnen, möchte ich Ihnen etwas ganz Wichtiges ans Herz legen: Seien Sie geduldig mit sich selbst!

Wenige von uns haben gelernt, gut mit Konflikten umzugehen. Und Umlernen ist schwieriger als Neulernen. Aber es ist möglich!

Es erfordert nur – wie alles andere auch – etwas Übung. Wenige meiner Teilnehmer schaffen eine perfekte Simulation des Konfliktgesprächs im ersten Anlauf. Oft sind es zwei, drei oder mehr Simulationen, bis sie sich richtig sicher und gut vorbereitet fühlen. Sie dürfen ruhig mehrmals üben, bevor Sie das reale Gespräch beginnen.

Zum Üben brauchen Sie zunächst einen geeigneten Übungspartner. Wählen Sie jemanden, dem Sie vertrauen. Das kann ein Kollege, Freund oder auch der Partner sein. Am besten bitten Sie diese Person, Ihnen zuerst nur zuzuhören, wenn Sie Ihre vorbereiteten Antworten auf die 5-Punkte-Methode geben.

Fragen Sie dann nach, wie sich Ihr Übungspartner fühlt. Entsteht eine gute Atmosphäre und eine Verbindung zwischen Ihnen – herzlichen Glückwunsch! Sie haben es bereits geschafft! Sie sind wirklich gut vorbereitet!

Es ist aber erfahrungsgemäß wahrscheinlicher, dass sich Ihr Übungspartner nicht wohl und vielleicht sogar angegriffen fühlt. Bitten Sie ihn, Ihnen zu erklären, warum dieses Gefühl aufkommt. Ist es Ihre Haltung, eine Formulierung oder eine unklare Bitte?

Probieren Sie es dann gleich noch einmal. Ziel ist es, das Ihr Übungspartner sich respektiert fühlt und für eine gemeinsame Lösung auf Sie zukommen möchte.

Wenn Sie keinen geeigneten Übungspartner haben, sprechen Sie Ihre Antworten mindestens einmal vollständig und am besten laut aus. Wenn Sie mögen, können Sie das vor dem Spiegel tun. Dann bemerken Sie schnell, ob Sie wirklich offen und freundlich wirken oder ob Vorwürfe und Wut da sind. Wenn Sie noch sehr wütend wirken, ist der Zeitpunkt für das Gespräch vermutlich noch zu früh. Klären Sie die Situation erst weiter für sich. Sie werden in diesem Buch noch einige Tipps dazu bekommen.

TIPP

Es ist optimal, entspannt und freundlich in ein Konfliktgespräch zu gehen. Wenn Sie aber sehr wütend sind, ist das vielleicht nicht möglich. Dann ist es gut, Folgendes im Hinterkopf zu behalten: Je wütender Sie sind, desto wichtiger ist es, dass Sie sich ganz klar an die Ich-Aussagen halten. »Ich bin wütend. Ich habe das so und so wahrgenommen. Daraus habe ich geschlossen, dass … Und darauf habe ich erst einmal sehr genervt reagiert. Als sich das nicht verändert hat, passierte in mir Folgendes …«

Sprechen Sie immer über sich selbst und Ihre Reaktionen. Dann können Sie auch wütend zu einer Lösung kommen.

Gerade wenn Sie wütend sind, kann es sehr hilfreich sein, zu verstehen, warum Ihr Konfliktpartner so gehandelt haben könnte. Dazu kann auch das Kapitel *Kopfkino* (siehe Seite 71 ff.) sehr hilfreich sein.

2.14 Bitten Sie um einen ruhigen Termin

Sie sind gut vorbereitet. Sie wissen, was Sie an der anderen Person schätzen. Sie wissen, was Sie wollen. Wunderbar! Dann gilt es als Nächstes, einen guten Zeitpunkt für beide Seiten zu finden. (Natürlich dürfen Sie dieses Buch vorher noch in Ruhe zu Ende lesen, sofern Sie die Zeit dazu haben.)

Am besten sagen Sie Ihrem Konfliktpartner bei der Terminfindung, dass Sie in Ruhe über genau diesen Punkt mit ihm oder ihr sprechen möchten. So hat Ihr Gegenüber auch eine Chance, sich vorzubereiten.

2.15 Entspannen Sie sich

Sie werden jetzt vielleicht sagen: »Genau das ist doch gerade jetzt so schwer!« Kurz vor so einem Gespräch ist es vielleicht nicht so leicht, ruhig zu bleiben. Machen Sie etwas, wodurch Sie sich etwas wohler fühlen.

Mögliche Kurz-Entspannungstechniken sind:
- Machen Sie einen kurzen Spaziergang um den Block. Bewegung baut Stress ab.
- Trinken Sie vorher einen heißen Kakao oder Tee. Wärme beruhigt und entspannt.
- Hören Sie ein angenehmes Lied. Musik wirkt stark auf unsere Emotionen und unser gesamtes Nervensystem – wählen Sie ein positives Lied.

- Wenn Sie sehr eingespannt sind, gehen Sie kurz vorher zur Toilette. Dort sind Sie noch einmal einen kurzen Moment allein. Nutzen Sie diesen Moment, um durchzuatmen und sich das positive Ziel, welches Sie mit dem Gespräch erreichen möchten, vor Augen zu halten.
- Sprechen Sie sich Mut zu: »Ich werde das Gespräch ruhig und kompetent führen. Ich habe schon ganz andere Aufgaben bewältigt!«
- Zählen Sie von 10 bis 1 und sagen Sie sich dabei innerlich: »Mit jeder Zahl werde ich ruhiger und zuversichtlicher.«
- Denken Sie an einen Moment in Ihrem Leben, in dem Sie zuversichtlich und entspannt waren: Wenn wir uns richtig intensiv in eine Erinnerung hineinversetzen, wirkt das sofort auf unser gesamtes System. Um das besonders intensiv zu erleben, können Sie sich dazu folgende Fragen zu Ihrer angenehmen Erinnerung stellen: Was höre ich, wenn ich mitten in meiner angenehmen Erinnerung bin? Was sehe ich? Was fühle ich hier?

Wenn Sie viel Zeit haben, können Sie natürlich auch aufwendigere Entspannungsmöglichkeiten nutzen. Vor einem privaten Klärungsgespräch hilft es manchen, eine Runde durch den Wald zu joggen oder in die Sauna zu gehen.

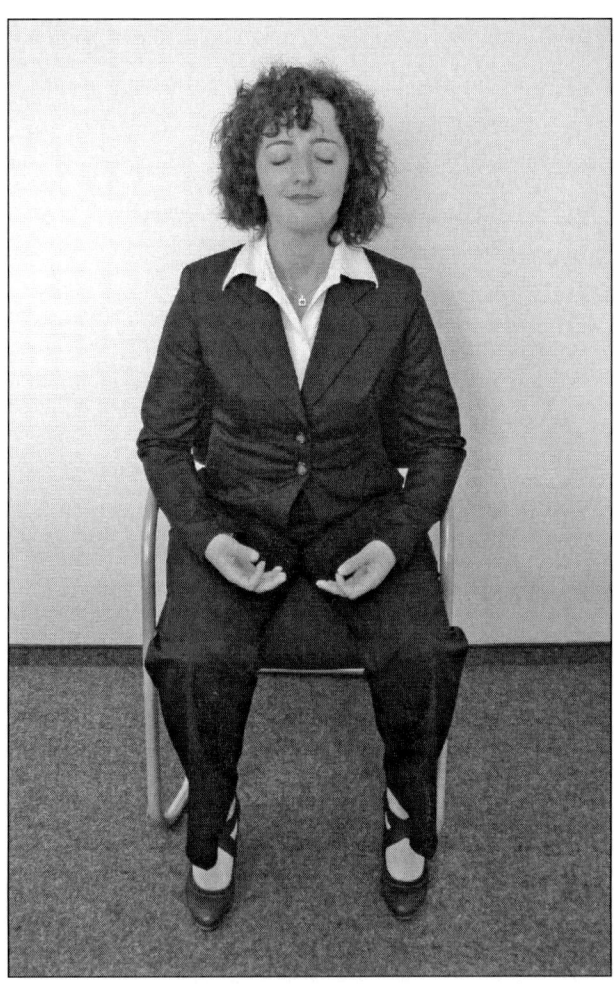

Abbildung 14: Eine kurze Entspannungspause vor dem Konfliktgespräch kann dieses viel einfacher werden lassen

Was sind gute Entspannungsmöglichkeiten für Sie?

Meine drei liebsten Kurz-Entspannungstechniken:

1. _____

2. _____

3. _____

Entspannungstechniken, wenn ich länger Zeit habe:

1. _____

2. _____

3. _____

Wenn Sie Interesse an weiteren Entspannungsmöglichkeiten und Anti-Stress-Techniken haben, kann ich Ihnen das Buch *Jeden Tag weniger ärgern* von Vera F. Birkenbihl empfehlen. Dort finden Sie unter anderem eine Fülle von weiteren Kurztechniken.

Nehmen Sie sich vor jedem schwierigen Gespräch immer für wenigstens eine Ihrer Entspannungstechniken Zeit.

TIPP

Das Konfliktgespräch

Jetzt wird es spannend! Der Zeitpunkt, um aus positiven Vorstellungen Wirklichkeit werden zu lassen, ist gekommen. Ihr Konfliktgespräch steht kurz bevor und vielleicht ist das doch ein bisschen aufregend. Auf Ihre Vorbereitung können Sie sich schon einmal verlassen! Jetzt gibt es noch Tipps, die sich für das Gespräch selber bewährt haben. Manchmal sind es kleine Dinge, die uns scheinbar große Herausforderungen als viel kleiner und leichter erleben lassen.

3.1 Die richtige innere Haltung

Wer auch immer Ihr Konfliktpartner ist, was auch immer Ihr Konfliktpartner getan oder gesagt hat, er oder sie ist ein Mensch. Und wir Menschen wollen alle glücklich sein. Unsere Strategien dafür mögen unterschiedlich effektiv sein. Aber in unseren zugrunde liegenden Bedürfnissen sind wir uns viel ähnlicher, als wir manchmal denken mögen.

Vielleicht zeigt Ihr Konfliktpartner das nicht oder versteckt es sogar vehement. Aber wir alle brauchen positive Anerkennung, Aufmerksamkeit und Liebe. Das heißt nicht, dass Sie Ihrem Kollegen einen Heiratsantrag machen sollen. Es bedeutet nur, dass unsere positiven oder negativen Worte Auswirkungen auf unser Gegenüber haben. Und unsere Worte bedeuten vielleicht viel mehr Freude oder Verletzung, als wir oft sehen können.

Wenn Sie in das Gespräch gehen, versuchen Sie (vielleicht trotz Wut und Ärger) vor allem den Menschen in Ihrem Gegenüber zu sehen, der im Prinzip genau wie Sie und ich ein glückliches Leben zu leben versucht.

3.2 Lächeln und atmen Sie

Die meisten von uns halten unter Stress und in Konflikten den Atem unbewusst an. Das führt aber nur dazu, dass wir uns noch weiter verspannen. Wenn Sie merken, dass Sie Ihren Atem anhalten oder flacher atmen, steuern Sie dagegen. Atmen Sie ganz bewusst entspannt in den Bauch. Das wirkt sich auch positiv auf den Rest des Körpers und auf Ihre Konzentration aus. Sie werden ein deutlich besseres Gespräch führen.

Eine weitere Schnell-Entspannungsmöglichkeit, die wir in Gesprächen anwenden können, ist das Lächeln. Vielleicht ist es möglich, Ihr Gegenüber mit einem Lächeln zu begrüßen. Wenn das authentisch möglich ist, kann das (auf beiden Seiten!) schon einigen emotionalen Stress abbauen. Falls Sie das als unpassend empfinden, versuchen Sie zumindest einmal, sich selbst innerlich zuzulächeln. Schon die Vorstellung eines Lächelns hat einen entspannenden und positiven Effekt. (Sie denken wieder an den Dinosaurier und die Blumen? Genau! Auch schon ein inneres Lächeln signalisiert unserem Gehirn, dass wir Zeit für Blumen haben und der Saurier demnach gar nicht so gefährlich ist. Und dann werden wir entspannter, kreativer, empathischer und können komplexer denken.)

Nachdem Sie sich – den Umständen entsprechend – entspannt haben, und Ihr Gegenüber angenehm begrüßt haben, geht es jetzt um den Gesprächsbeginn.

3.3 Bitten Sie Ihren Konfliktpartner zu Beginn, Ihre 5 Punkte am Stück sagen zu dürfen

In meinen Trainings merke ich immer wieder, wie groß die Herausforderung ist, über unsere Konfliktsituation offen zu sprechen. Das fällt am leichtesten, wenn der andere erst einmal nur zuhört. Und genau darum können wir unseren Konfliktpartner bitten.

Beispiele für Gesprächseinstiege
»Ich habe mir einige Gedanken zu der aktuellen Situation gemacht. Ich würde Ihnen diese gerne erst einmal vollständig mitteilen. Lassen Sie uns danach schauen, wie wir damit weiterarbeiten.«

»Unser Thema ist mir sehr wichtig. Bitte lass mich erst einmal sagen, was ich mir dazu überlegt habe. Es wird mir sehr helfen, wenn du mir zuerst nur zuhörst. Danach können wir gerne alles in Ruhe besprechen. Ist das in Ordnung?«

Wenn Sie Kärtchen benutzen möchten, können Sie etwas sagen wie: »Dieses Gespräch ist mir sehr wichtig. Damit ich an alles denke, habe ich mir ein paar Notizen gemacht.«

Wenn Sie nervös sind, können Sie sich dafür entscheiden, das offen anzusprechen: »Es fällt mir gerade etwas schwer, ruhig zu bleiben, da mir dieses Thema so wichtig ist.« – »Dieses Thema geht mir sehr nah, ich muss gerade erst einmal durchatmen. So, mein erster Punkt ist ...«

Damit Sie die Geduld Ihres Konfliktpartners, der vielleicht ebenfalls emotional ist, nicht überstrapazieren, hilft der nächste Punkt.

3.4 Teilen Sie Ihrem Konfliktpartner Ihre Antworten kurz und verständlich mit

Versuchen Sie, die wesentlichen Aussagen auf den Punkt zu bringen. Achten Sie auf eine klare und verständliche Sprache. Und versuchen Sie, sich nicht zu verbiegen, um kompetenter und sicherer zu wirken. Gerade in Konfliktsituationen ist authentisches Auftreten besonders wichtig. Ehrliche Antworten und Authentizität können Vertrauen wieder herstellen.

Und auch während Sie von Ihren Antworten sprechen, lohnt es sich immer wieder, sich zu entspannen. Dadurch wird Ihre Sprache klarer und es fällt Ihnen leichter, die Reaktionen Ihres Gegenübers wahrzunehmen.

3.5 Geben Sie sich inneren Zuspruch und verzeihen Sie sich Ausrutscher

Insbesondere wenn dieses Gespräch eine große Herausforderung für Sie ist, ermutigen Sie sich währenddessen selbst. Sie können sich etwas sagen wie: »Ich schaffe das schon. Ich bin gut vorbereitet. Mein Konfliktpartner hat auf die ersten zwei Punkte schon positiv reagiert.« Schauen Sie bewusst auf die Punkte, die funktionieren. Und verzeihen Sie sich kleine Fehltritte. Wir sind alle nur Menschen. Einen ungünstigen Satz, der uns in der Aufregung vielleicht einmal herausrutscht, können wir im nächsten Moment wieder korrigieren. Wir müssen nicht perfekt sein. Es reicht fast immer, wenn unser Gegenüber merkt, dass wir wirklich wertschätzend kommunizieren wollen!

3.6 Was ist, wenn mein Konfliktpartner meinen Wunsch nicht erfüllen möchte?

Eine Sorge, die ich sehr häufig höre, ist die: Was ist, wenn mein Konfliktpartner meinen Wunsch nicht erfüllen möchte? Wie kann ich damit umgehen? Es kann sein, dass Ihr Gegenüber Ihren Wunsch nicht direkt erfüllen kann. Was könnte er stattdessen tun, um die Situation zu verbessern? Fragen Sie ihn. Überlegen Sie gemeinsam, was Sie verändern können, damit sich alle Beteiligten wieder wohlfühlen. Ein Nein als Antwort auf einen Wunsch ist ein wichtiger Hinweis auf weiteren Diskussionsbedarf. Es ist kein Ende, sondern ein weiterer Anfang.

Beispiel: Nein, das mache ich nicht
»Bitte schreiben Sie mir täglich einen Bericht über die Neukunden.«
»Nein, das mache ich nicht.«
»Warum nicht?«
»Wenn ich das alles noch einmal in einem Bericht aufschreibe, dauert das viel zu lange. Ich habe jetzt schon kaum Zeit, die Vorgaben zu erfüllen.«
»Ich meine einen Kurzbericht, in dem nur das Unternehmen und das Thema stehen, wofür sich der Ansprechpartner gegebenenfalls interessiert. Das wäre mir sehr wichtig.«
»Ach so. Na, das kann ich machen.«

Gerade für Führungskräfte ist es manchmal interessant, ein Nein als wichtige Information anzuerkennen. Sie können Ihren Mitarbeiter zu nichts zwingen. Es gibt so viele Möglichkeiten Aufgaben nicht, schlecht, verzögert, ... zu erfüllen. Es lohnt sich, in Ruhe nachzufragen und echte Lösungen zu finden, die von allen mitgetragen werden.

Ein Nein ist nicht das Ende einer Diskussion, sondern ihr Anfang. Ein ehrliches Nein, ist das Beste, was Ihnen passieren kann. Für ein unehrliches Ja bezahlen alle teuer. Und aus einem ehrlichen Nein – zu einem unerfüllbaren Wunsch – kann ein ehrliches Ja – zu einer erfüllbaren und tragfähigen Alternative – werden.

3.7 Und wenn ich den Kopf verliere?

Falls Sie für einen Moment nicht weiterwissen, rotsehen oder sprachlos sind, können Sie sich zuerst einmal gratulieren! Und das meine ich ganz ohne Ironie. Es ist großartig, wenn Sie das innerhalb des Konfliktes bemerken! Denn wenn wir diese kritischen Punkte selber bei uns bewusst bemerken, können wir leichter sinnvoll damit umgehen.

Bitten Sie Ihren Konfliktpartner um eine kurze Pause. »Mir schwirrt gerade der Kopf. Ich muss mich mal kurz sammeln.«

Oder wenn Sie das nicht zugeben möchten: »Bitte lassen Sie uns eine kurze Pause machen. Ich habe eben so viel Kaffee getrunken. Ich muss mich kurz entschuldigen.«

Wenn Sie merken, dass die Stimmung negativ geworden ist und dass Sie so nicht weiterkommen, bitten Sie um eine Vertagung. »Ich habe das Gefühl, dass wir so gerade nicht weiterkommen. Ich glaube, ich muss mir noch klarer über die Situation werden. Bitte lassen Sie uns morgen noch einmal in Ruhe darüber sprechen.« Oder: »Ich habe den Eindruck, dass es gerade nicht effizient weitergeht. Wir haben alle Zeitdruck. Am besten wir bereiten das noch einmal umfassender vor und lösen den Punkt dann übermorgen in der nächsten Besprechung schneller.«

Abbildung 15: Kommen wir im Gespräch nicht weiter, kann eine Pause Wunder wirken

Wenn es sich um einen privaten Konflikt handelt, können Sie das vielleicht leichter direkt ansprechen. »Ich habe den Eindruck, dass wir beide gerade nur noch wütender werden und uns gegenseitig aufschaukeln. Bitte lass uns eine Pause machen. Ich glaube, ich muss jetzt erst einmal um den Block gehen, um wieder einen klaren Kopf zu kriegen. Lass uns bitte danach weitersprechen.«

In geschäftlichen Kontexten kann so eine ehrliche Aussage durchaus auch sehr passend und verbindend sein. Sie kennen Ihre Situation am besten. Entscheiden Sie, welche Variante für Sie geeignet ist.

Wenn Sie sich für eine kleine Pause entscheiden, kann das ein guter Moment für den Einsatz Ihrer Kurz-Entspannungstechniken (siehe Seite 104 ff.) sein.

3.8 Mein Konfliktpartner möchte mir nicht zuhören oder ich kann einfach keinen Wunsch formulieren

Manchmal haben wir uns schon lange reflektiert, sehen aber noch keine Lösung für die Situation. Und selbst, wenn wir eine sehen würden, sind wir uns gar nicht sicher, ob unser Gegenüber das hören wollen würde.

Dann ist es gut, erst einmal kleine Brötchen zu backen. Setzen Sie sich Zwischenziele. Versuchen Sie als Erstes, eine innere entspannte Haltung gegenüber Ihrem Konfliktpartner aufzubauen. Dazu kann das Kapitel 2.2 *Durch die Augen des anderen schauen – die 5-Punkte-Methode aus der Perspektive des Gegenübers* ab Seite 63 sehr hilfreich sein.

Abbildung 16: Wenn unser Gegenüber nicht zuhören möchte, ist es erst einmal wichtig, dass dieses sich verstanden fühlt

Wenn Sie nun den Eindruck haben, dass Sie entspannt auf Ihr Gegenüber zugehen können, aber noch nicht wissen, wie es weitergehen soll, hilft Folgendes: Hören Sie erst einmal Ihrem Konfliktpartner zu und verstehen Sie seine Seite. Sagen Sie Ihrem Konfliktpartner, was Sie verstanden haben und fragen Sie nach, ob Sie ihn richtig verstanden haben. Machen Sie das so lange, bis er oder sie sich wirklich verstanden fühlt und sich entspannt. Dann können Sie Ihren Konfliktpartner fragen, ob er Ihre Seite hören möchte. Das kann aber auch erst bei einem weiteren Treffen sein. Bitten Sie Ihren Konfliktpartner, Ihnen zu sagen, was er von Ihnen verstanden hat – sodass Sie sich ebenfalls sicher sein können, dass er Sie richtig verstanden hat. Und dann können Sie die weiteren Fragen der 5-Punkte-Methode zusammen beantworten: Worum geht es uns eigentlich wirklich? Was sind die dahinterstehenden Bedürfnisse? Welche Perspektive würde uns gefallen? Und was können wir nun tun? Vielleicht hat Ihr Gegenüber bereits gute Ideen, wie es weitergehen kann!

Sie können aber auch vereinbaren, dass zunächst jeder für sich allein Lösungen entwickelt und dass Sie sich beim nächsten Kontakt darüber austauschen.

TIPP

Oft setzten wir uns mit der Erwartung unter Druck, dass das erste Konfliktgespräch direkt eine Lösung bringen muss. Tatsächlich haben wir Konflikte meistens mit Menschen, mit welchen wir ohnehin längerfristig zu tun haben. Wenn das erste Gespräch zu keiner Lösung geführt hat oder sogar in einem Disaster geendet ist, ist das nicht das Ende! Mit einer guten Vorbereitung für das nächste Gespräch und einem entspannten zweiten Anlauf wird meistens alles wieder gut.

3.9 Rückmeldung ist immer gut

Rückmeldungen darüber, was wir vom anderen verstanden haben, sind immer hilfreich. Das gilt nicht nur dann, wenn wir uns (wie im Abschnitt davor) gerade überfordert fühlen. Wenn wir unserem Gesprächspartner sagen, was wir verstanden haben und ihn auch bitten, das ebenfalls zu tun, hat das viele Vorteile: Wir wissen und vermuten nicht nur, dass unser Gegenüber uns verstanden hat.

Und das Konfliktgespräch verlangsamt sich. Dadurch wird ein gegenseitiges Hochschaukeln unwahrscheinlicher. Es fällt uns so leichter, ruhig und bei uns zu bleiben. Und wenn wir uns ruhig und verstanden fühlen, sind wir auch viel eher bereit, unser Gegenüber verstehen zu wollen. Und das geht unserem Gegenüber genauso.

In diesem Kontext höre ich oft die Sorge: »Soll ich wie ein Papagei klingen?« Es geht natürlich nicht um ein sinnfreies Nachplappern jedes einzelnen Wortes. Sondern es geht darum, dass wir mit unseren Worten die wesentlichen Inhalte wiedergeben.

Sich immer wieder Zeit für Rückmeldungen – oder auch Feedback – zu nehmen, ist eine der hilfreichsten Strategien in Konfliktgesprächen überhaupt.

Probieren Sie es aus! Auch wenn es vielleicht zunächst etwas ungewohnt ist, werden Sie schnell merken, wie hilfreich diese Strategie ist!

3.10 Mit einer Lösung schließen

Beenden Sie das Gespräch mit konkreten Vereinbarungen. Beiden Seiten sollte ganz klar sein, was ab jetzt anders ist.

Abbildung 17: Das Ergebnis eines erfolgreichen Konfliktgesprächs ist eine für beide Seiten klare Lösung

»Ich bin sehr froh, dass wir die Situation klären konnten. Danke, dass Sie sich Zeit dafür genommen haben. Dann machen wir das ab jetzt so, dass Sie mir die aktuellen Informationen immer um 15 Uhr zusenden. Dadurch wird der weitere Ablauf wieder reibungslos funktionieren.«

Natürlich kann es auch sein, dass die reine Aussprache die Atmosphäre deutlich verbessert. Statt dem Gefühl des Kampfes, gibt es wieder eine entspannte Atmosphäre. Auch das können Sie in einem abschließenden Satz als Lösung formulieren:

»Gut, dass wir dieses Missverständnis klären konnten! Es ist ein gutes Gefühl, wieder zu wissen, wie sehr wir uns eigentlich schätzen. Ich freue mich auf unsere weitere Zusammenarbeit!«

Die 5-Punkte-Methode in Aktion: drei typische Konfliktsituationen und ihre Lösungen

Wie können Sie die 5-Punkte-Methode zur Vorbereitung Ihrer Gespräche konkret anwenden? Damit Sie eine noch lebendigere Vorstellung von der Anwendung bekommen, finden Sie hier drei Beispiele. Diese basieren auf echten Situationen aus meinen Trainings und Coachings. Anhand der Beispiele werden Sie vielleicht Stolpersteine aus Ihrem Leben wiedererkennen und umso besser gewappnet sein, wenn Sie Ihre Gespräche vorbereiten! (Zum Schutz der Teilnehmer sind die Namen und erkennbaren Eckdaten anonymisiert worden.)

Beginnen wir mit Herrn Meier. Er wollte wissen, wie er sein bevorstehendes Gespräch mit seinem Mitarbeiter mit der 5-Punkte-Methode vorbereiten kann. Er war zunächst sehr verärgert. Ich unterstütze ihn bei der Vorbereitung.

4.1 Szenario 1: Ein Vorgesetzter ärgert sich über einen Mitarbeiter, der sich nicht an die Vorgaben hält

Der Vorgesetzte Herr Meier schildert folgende Situation: *»Mein Mitarbeiter, Herr Schulze, hat die Aufgabe, Gefahrenmaterial von anderen Unternehmen anzunehmen – allerdings nur, wenn dieses einwandfrei ist. Wenn es verunreinigt ist, entstehen daraus große Kosten und auch ein Versicherungsrisiko. Ich habe Herrn Schulze dabei beobachtet, wie er achtlos Material entgegennahm, ohne es zu prüfen. Überhaupt ist Herr Schulze in letzter Zeit unmotiviert und wirkt unwillig, seinen Job anständig zu machen. Die Situation hat mich sehr wütend gemacht! Das ist ganz schön gefährlich für das Unternehmen, wenn ein Mitarbeiter so handelt. Wie kann man nur so verantwortungslos sein?!!!«*

Herr Meier bereitet sich mit der 5-Punkte-Methode vor:

Wertschätzung

Trainerin: *»Was schätzen Sie an Herrn Schulze?«*

Meier: *»Gerade würde ich ihm gerne erst einmal richtig die Meinung sagen!! Aber ich weiß, ich bin ja hier, um es anders zu machen.«* (Teilnehmer atmet tief durch.)

»Es gibt tatsächlich sehr viel, was ich an ihm schätze. Herr Schulze hat unheimlich viel Berufserfahrung! Ich bin sehr auf seine Meinung und Einschätzung angewiesen. Ich habe die letzten Jahre super viel von ihm gelernt. Er war insbesondere am Anfang fast wie ein Mentor für mich.«

Trainerin: *»Was könnte Herr Schulze an Ihnen schätzen?«*

Meier: *»Hm. Ich hoffe, er sieht, wie wichtig mir meine Mitarbeiter sind. Und wie viel ich an Zeit und Nerven in dieses Unternehmen investiert habe, damit die Abläufe gut sind und wir marktfähig bleiben.«*

Fakten

Trainerin: *»Was ist objektiv geschehen?«*

Meier: *»Letzte Woche Montag habe ich aus meinem Bürofenster geschaut und gesehen, dass eine neue Lieferung gekommen ist. Herr Schulze hat diese angenommen. Der Lieferant ist wieder weggefahren und Herr Schulze hat das Material nicht eingehend untersucht. Nein, statt an verschiedenen Stellen Proben zu nehmen, hat er nur einmal drüber geschaut. Total verantwortungslos!«*

Trainerin: »Der Anfang Ihrer Beschreibung war schon klar neutral. Haben Sie gemerkt, was dann kam?«

Meier: »Ja, dass er verantwortungslos ist. Das ist das Handeln doch auch!«

Trainerin: »Es ist eine Bewertung der Handlung. Sie erinnern sich bestimmt an die Einführung in die 5-Punkte-Methode von eben: Bei diesem Schritt geht es erst einmal darum, die Fakten so nüchtern zu beschreiben, wie eine Kamera-Aufzeichnung das tun würde. Keine Interpretationen.«

Meier: »Also gut: Letzte Woche Montag habe ich aus meinem Bürofenster geschaut und gesehen, dass eine neue Lieferung gekommen ist. Herr Schulze hat diese angenommen, ohne Proben zu nehmen.«

Trainerin: »Das ist zwar kürzer als eben, aber richtig neutral und ich denke, der wesentliche Punkt ist drin.«

Eigene Reaktionen auf die Fakten

Trainerin: »Welche Gefühle haben Sie jetzt in dieser Situation?«

Meier: »Ich bin wütend! Wie kann man so unverantwortlich handeln! Er setzt damit die Sicherheit des ganzen Unternehmens aufs Spiel!! Und sehr enttäuscht. Ich habe ihm vertraut!! Und ich mache mir Sorgen und habe Angst, dass wir auf diese Weise Probleme bei der weiteren Verwertung bekommen.«

Trainerin: »Ja, das sind berechtigte Sorgen. Sie haben schon mehrere Gefühle entdeckt. Lassen Sie in diesem Schritt einmal die Erklärungen weg und benennen Sie jetzt nur die Gefühle.«

Meier: »Okay, also ich bin wütend, enttäuscht und habe Angst. – Ich würde aber lieber sagen: Ich mache mir Sorgen!«

Trainerin: »Machen Sie das. Nur das Wort ›enttäuscht‹ müssen wir noch hinterfragen, da es Schuld zuweist. Wie fühlen Sie sich denn, wenn Sie glauben, ›enttäuscht worden zu sein‹?«

Meier: »Dann fühle ich mich hilflos. Das möchte ich aber nicht sagen!«

Trainerin: »Zunächst ist es gut, dass Sie sich dessen bewusst sind. Welche Gefühle möchten Sie Herrn Schulze mitteilen?«

Meier: »Ich bin wütend, mache mir Sorgen und bin beunruhigt. Beunruhigt ist für mich ehrlich genug.«

Trainerin: »Welche Bedürfnisse stecken dahinter?«

Meier: »Hm, also Sicherheit auf jeden Fall. Schließlich hafte letztendlich ich für die Annahme. Und auch Respekt. – Ich fühle mich durch dieses Verhalten als Chef nicht ernst genommen. Ehrlichkeit und offene Kommunikation! – Ich weiß gerade gar nicht, wie es dazu kommen konnte!«

Perspektive

Trainerin: »Was wollen Sie in Zukunft mit Herrn Schulze erleben?«

Meier: »Ich weiß ja, dass Herr Schulze sehr viel Fachwissen hat. Und daher möchte ich weiterhin mit ihm zusammenarbeiten. Er ist normalerweise auch ein verlässlicher und sympathischer Mensch. – Klar, falls so etwas noch einmal vorkommt, muss ich ihn feuern – aber darum geht es hier ja nicht. Also was ich wirklich gut fände, wenn er wieder motiviert dabei wäre und ich mich wieder ganz auf ihn verlassen könnte!«

Trainerin: »Was können Sie tun, damit Ihre gewünschte Zukunft eintritt?«

Meier: »Ich verstehe ja noch gar nicht, warum er das gemacht hat. Also sollte ich ihn erst einmal fragen, warum das passiert ist. Läuft gerade was echt schief bei ihm? Oder wie kann man so handeln?! Gerade er müsste das doch besser wissen! Und natürlich ganz wichtig: So was soll nicht mehr vorkommen!!«

Trainerin: »Wie könnten Sie das als Wunsch formulieren?«

Meier: »Also mein Wunsch an ihn wäre: Bitte sagen Sie mir, wie es dazu kommen konnte. Und lassen Sie uns gemeinsam überlegen, wie wir verhindern können, dass das jemals wieder passiert.«

Herr Meier übte die Umsetzung im Training noch zwei Mal in Rollenspielen.

Das Konfliktlösungsgespräch

Meier: »Hallo Herr Schulze. Haben Sie gerade einen Moment Zeit? Ich möchte etwas Wichtiges mit Ihnen besprechen.«

Schulze: »Ah, Herr Meier. Gerade ist es ungünstig. Geht es in einer halben Stunde?«

Meier: »Ja, kein Problem, kommen Sie dann bitte in mein Büro.«

Eine halbe Stunde später:

Meier: »Danke, dass Sie gekommen sind. Herr Schulze, Sie sind ein wichtiger Mitarbeiter für dieses Unternehmen. Wie Sie wissen, habe ich viel von Ihnen gelernt und ich schätze Ihre Meinung sehr!«

Schulze: »Danke.«

Meier: »Es gibt etwas, worüber ich mit Ihnen sprechen muss. Lassen Sie mich zuerst einmal die Fakten schildern.«

Schulze: »Okay.«

Meier: »Letzte Woche ist etwas vorgefallen, was mich sehr beunruhigt hat. Am Montag kam eine Lieferung von der Firma XY. Ich habe gerade zufällig aus dem Fenster geschaut und gesehen, dass Sie keine Proben genommen hatten, bevor der Lieferant wieder weggefahren ist.

Ich war daraufhin wütend, sehr besorgt und beunruhigt.

Wie Sie wissen, hafte ich für alle Vorgänge in diesem Bereich. Da bin ich auf Sicherheit angewiesen. – Also darauf, dass Sie das Material konsequent prüfen und mich über Probleme informieren.

Damit alles reibungslos laufen kann, ist dafür eine offene Kommunikation unerlässlich! Wenn es Gründe gibt, aus denen jemand etwas nicht erfüllen kann, möchte ich das unbedingt wissen. Auch wenn es vielleicht unangenehm ist, darüber zu sprechen, wie eine private belastende Lebenssituation, wodurch die Konzentration einfach leidet.

– Sie erinnern sich bestimmt an die Situation mit der Scheidung beim Kollegen Klaus. Oder sagen Sie mir wenigstens, ob es so etwas gerade bei Ihnen gibt. Was ich wirklich möchte, *ist, dass wir auf die Dauer gut zusammenarbeiten und dass Sie motiviert dabei sind. Daher möchte ich, dass wir jetzt darüber sprechen, wie das kommen konnte, damit diese Situation nie wieder auftreten kann.«*

Schulze: *»Also wenn wir jetzt so offen darüber sprechen ... Bei der Warenannahme langweile ich mich schon lange. Ich habe so viel Erfahrung. Die würde ich gerne anders einbringen. Ich ärgere mich auch etwas, dass ich immer wieder für diesen Dienst eingeteilt werde! Dazu kommt, dass es teilweise auch für meinen Rücken anstrengend ist, daher würde ich das lieber jüngere Kollegen machen lassen.«*

Meier: *»Oh, das habe ich nicht gewusst. Warum haben Sie mir denn nichts gesagt?«*

Schulze: *»Das ist halt schwierig. Freunde von mir in meinem Alter kommen auch nach und nach auf das Abstellgleis ...«*

Meier: *»Das tut mir sehr leid zu hören. Ich weiß doch um Ihre Erfahrung. Diese ist ja mit ein Grund, warum ich Sie gerne für diesen Dienst einteile. Bei Ihnen kann ich mir sicher sein, dass alles richtig läuft. Aber ich kann auch verstehen, dass Sie das körperlich belastet und Sie sich gerne anders einbringen würden. Lassen Sie uns überlegen, welchen Kollegen Sie noch intensiver dafür einweisen können und welche Aufgaben Sie dann besser schwerpunktmäßig machen werden. Und um das ganz klar zu sagen: Ich will Sie auf gar kein Abstellgleis stellen. Von meiner Seite aus sehe ich Sie auf jeden Fall noch die letzten Jahre Ihrer Berufstätigkeit Vollzeit in diesem Unternehmen. Ich habe sogar schon überlegt, ob Sie danach vielleicht sogar Lust haben, als externer Berater hin und wieder einzuspringen.«*

Schulze: *»Das freut mich sehr zu hören. Und das mit letzter Woche tut mir ehrlich leid.«*

Herr Meier berichtete mit Stolz, dass er seinen Mitarbeiter tatsächlich respektvoll behandelt hätte und die Lösung nun für alle funktionieren würde. Er trainierte sich vor dem Gespräch aber noch selber weiter, indem er sich die 5-Punkte-Methode immer wieder durchlas und vergegenwärtigte. Vor dem Training hatte Herr Meier in Gesprächen mit seinen Mitarbeitern regelmäßig die Fassung verloren und sie angeschrien. Es war für ihn ein großer Erfolg, dass er ab diesem Gespräch einen ganz neuen Umgang mit seinen Mitarbeitern begann.

4.2 Szenario 2: Eine Mitarbeiterin ist wütend auf den unerfahrenen Teamkollegen

In diesem Beispiel geht es um Frau Müller, die unsicher war, wie sie ihren Teamkollegen auf einen Konflikt ansprechen sollte. Mithilfe der 5-Punkte-Methode entwickelte Sie ihren Gesprächsleitfaden.

Frau Müller schilderte folgende Situation: *»Es gibt einen neuen Kollegen in meiner Abteilung, der auf derselben Ebene arbeitet. Sein Name ist Herr Hemer. Oft wird unsere Arbeit nur gemeinsam bei der Chefetage wahrgenommen, wodurch eine gegenseitige Abhängigkeit besteht. Der Kollege ist neu in der Position und weiß oft noch nicht, wie er die Aufgaben gut bewältigen kann.*

Nächste Woche wird er mit unserem zuständigen Vorstandschef für ein Projekt nach Südamerika reisen. Es gibt so viel vor Ort zu klären. Gerade dort! Der Vorstand hat natürlich schon viele Termine politischer Art mit anderen Vorständen geplant und Herrn Hemer eingeladen, ihn zu diesen zu begleiten. Aber unsere Abteilung benötigt dringend Informationen von diesem Projekt, die wir nur von den Angestellten vor Ort bekommen können! Der Vorstand ist davon viel zu weit weg. Wir können unseren Job sonst nicht gut machen! Seine professionelle Antwort wäre gewesen: »Vielen Dank für die Einladungen. Ich komme gerne zu zwei Terminen mit. An den anderen Tagen muss ich dringend Informationen für unsere Abteilung sammeln, damit Sie nachher alle benötigten Zahlen auf Ihren Schreibtisch bekommen können.« Hat er aber nicht! Ich bin sauer, weiß aber gleichzeitig, dass er es nicht besser wusste. Und ich möchte unsere ansonsten gute Zusammenarbeit nicht gefährden. Wie kann ich Herrn Hemer auf den Konflikt ansprechen, ohne ihn zu verletzen?«

Frau Müller bereitet sich mit der 5-Punkte-Methode vor:

Wertschätzung

Trainerin: *»Was schätzen Sie an Herrn Hemer?«*

Müller: *»Herr Hemer ist schon ziemlich motiviert. Er versucht ja, alles gut zu machen. Und er ist immer freundlich.«*

Trainerin: *»Was könnte Herr Hemer an Ihnen schätzen?«*

Müller: *»Ich habe ihm schon oft weitergeholfen. Ich denke, dass weiß und schätzt er auch.«*

Trainerin: »Was ist objektiv geschehen?«

Müller: »Herr Hemer ist für die Dienstreise nach Südamerika eingeteilt, da ich während dieser Zeit selber hier vor Ort sein muss.
Ein Vorstandschef hat ihn eingeladen, mit zu seinen Terminen
zu kommen. Das ist eine Geste der Freundlichkeit, der man
üblicherweise nur in Teilen nachkommt. Herr Hemer hat mir
das erzählt und auch berichtet, dass er dem zugestimmt hat.
Er kann aber nicht zu allen Terminen mitkommen! Unsere Abteilung braucht dringend Informationen aus der Einheit in
Südamerika und nur er kann diese beschaffen. Vor Ort erfährt
man einfach viel mehr. Vorstandsmitglieder haben diesen
Punkt oft nicht im Kopf, da sie schließlich nicht unsere Arbeit
machen.«

Trainerin: »Welche Gefühle haben Sie jetzt in dieser Situation Herrn Hemer gegenüber?«

Müller: »Ich bin verärgert. Er hat unsere Abteilung nicht im Blick und
will sich da einen schönen Urlaub mit dem Vorstand machen,
oder was?!
Und klar, ich bin in einer hilflosen Position. Nachher muss ich
mit dafür geradestehen.
Na ja, zugegeben, ich sehe ja auch, dass er nicht viel Zeit und
Einarbeitung hatte. Das wäre der Job unseres Vorgesetzten
gewesen. Aber der hat es nicht gemacht. Da ist dann schon
auch Mitgefühl.«

Trainerin: »Sie haben direkt mehrere Gefühle gefunden! Jetzt lassen Sie am besten noch die Vorwürfe weg. Was sind Ihre Gefühle?«

Müller: »Also, ich ärgere mich, fühle mich hilflos und habe aber auch Mitgefühl.«

Trainerin: »Welche Bedürfnisse stecken dahinter?«

Müller: »Also, ich will meine Arbeit gut machen. Und dafür respektiert werden. Ich will die Sicherheit haben, dass es klappt! Und wenn ich mit jemandem zusammenarbeiten muss, ist mir ein guter Informationsfluss wichtig.

Also meine Bedürfnisse hier sind: gute Arbeit, Respekt, Sicherheit und eine effiziente Kommunikation.«

Trainerin: »›Gute Arbeit‹ ist streng genommen kein Bedürfnis. Aber Sie können den Punkt trotzdem dazunehmen.«

Perspektive

Trainerin: »Was wollen Sie in Zukunft mit Herrn Hemer erleben?«

Müller: »Ich möchte erleben, dass wir gut zusammenarbeiten. Dass wir die Dinge, die wir gemeinsam tun müssen, auch gut absprechen. Und dass er mich fragt, wenn er unsicher ist, damit so etwas nicht noch einmal passieren kann.«

Aktion

Trainerin: »Wie können Sie das als Wunsch formulieren?«

Müller: »Ich möchte Herrn Hemer Folgendes vorschlagen: Wenn Sie unsicher sind und etwas Wichtiges zu erledigen haben, fragen Sie mich. Was wir tun, fällt auf uns beide zurück. Und ich will, dass unsere Abteilung als erfolgreich wahrgenommen wird.«

Trainerin: »Das klingt doch schon gut.«

Müller: »Ich bin nicht so gut darin, Konflikte anzusprechen. Ich habe Angst, mein Gegenüber zu verletzen. Oft spreche ich so etwas deswegen gar nicht an. Aber diesmal geht es so einfach wirklich nicht! Und ich habe Angst, den Faden zu verlieren.«

Trainerin: »Dann bitten Sie doch Herrn Hemer, Ihre Antworten auf die 5 Punkte am Stück sagen zu dürfen. Und nehmen vielleicht auch Notizen mit in Ihr Gespräch.«

Das Konfliktlösungsgespräch

Müller: »Herr Hemer, ich möchte mit Ihnen über Ihre Dienstreise nächste Woche sprechen. Haben Sie gerade ungefähr eine Viertelstunde Zeit?«

Hemer: »Ja, kein Problem. Was gibt es denn?«

Müller: »Sie sind ein sehr motivierter und freundlicher Kollege. Und das schätze ich. Da ich Sie gerne unterstütze und auch weil unsere Arbeit gemeinsam wahrgenommen wird, möchte ich mit Ihnen über Ihre Dienstreise nächste Woche sprechen.«

Hemer: »Freut mich zu hören. Was ist denn mit der Dienstreise nächste Woche?«

Müller: »Und es ist mir wichtig, dass ich Ihnen erst einmal meine Sicht mitteilen kann, bevor wir weitere Vorgehensweisen diskutieren.«

Hemer: »Ja, okay.«

Müller: »Sie haben erzählt, dass der Vorstand, Herr Schulz, Sie eingeladen hat, mit zu seinen Terminen zu kommen und sich einen Überblick zu verschaffen. Das ist an sich auch kein Problem. Bloß nach dem Zeitplan, den Sie mir gestern geschickt haben, habe ich den Eindruck, dass Sie keine Zeit eingeplant haben, um die *offenen Fragen zu klären, die wir gerade bezüglich des Projekts in Südamerika haben.*

Vorstände haben oft keinen guten Überblick über unsere Aufgaben, erwarten aber natürlich trotzdem, alle wichtigen Informationen rechtzeitig auf dem Schreibtisch zu haben.

Darüber habe ich mich im ersten Moment etwas geärgert, da ich den Eindruck hatte, dass Sie die Abteilung nicht im Blick haben. Aber ich weiß ja auch, dass Sie nur sehr unzureichend eingearbeitet wurden. Nichtsdestotrotz stresst mich diese Situation. Wir brauchen die Informationen aus Südamerika unbedingt!«

Hemer: *»Hm, das tut mir leid.«*

Müller: *»Danke. Aber warten Sie, ich möchte noch etwas sagen: Mir ist wichtig, gute Arbeit zu leisten und die Sicherheit zu haben, dass unsere Abteilung verlässliche Ergebnisse liefern kann. Und dafür ist mir eine effektive Kommunikation wichtig. Ich möchte, dass wir gut zusammenarbeiten. Und wenn Sie Fragen haben oder nicht ganz sicher sind, wie man in bestimmten Situationen optimal handelt, dann fragen Sie mich bitte. Ich möchte, dass wir gemeinsam verhindern, dass so etwas wieder passiert.*

Vielleicht können wir noch einmal schauen, was die zentralen zu klärenden Fragen für Südamerika sind und bei welchem Termin mit Herrn Schulz Sie sich am besten entschuldigen könnten. – Jetzt habe ich schon viel erzählt. Ist Ihnen klar geworden, dass wir Ihren Zeitplan für die Reise neu strukturieren müssen?«

Hemer: *»Ja, das ist mir jetzt ganz klar. Welche Möglichkeiten sehen Sie denn da?«*

Frau Müller war sehr froh, dass sie mithilfe der 5-Punkte-Methode einen klaren Leitfaden für ihr Gespräch entwickeln konnte, mit dem sie ihren Kollegen ansprechen konnte. Da sie sich vorher immer Sorgen gemacht hatte, jemanden zu verletzen, hatte sie oft ihren Ärger hinuntergeschluckt. Nach diesem positiven Erlebnis war sie zuversichtlich, auch zukünftige Konflikte mit einem besseren und sicheren Gefühl ansprechen zu können.

4.3 Szenario 3: Eine Frau ist sauer auf ihren Mann, der sich im Haushalt zu wenig einbringt

In diesem Abschnitt werden Sie von einem privaten Konflikt lesen. Diese Geschichte ist auch ein Beispiel dafür, was passieren kann, wenn unser Gegenüber die Bitte nicht erfüllen will. Das Gespräch, welches Tina nach der Vorbereitung mit der 5-Punkte-Methode führt, läuft nicht optimal. Sie vergisst hier und da wichtige Grundsätze der respektvollen Konfliktlösung. Nichtsdestotrotz kommt sie mit ihrem Partner auf dem Weg zur Lösung weiter. An diesem Beispiel kann man auch sehen, dass selbst, wenn wir uns nicht perfekt verhalten, die Absicht wichtig ist und zum Ziel führen kann.

Tina schildert folgende Situation: *»Mein Mann und ich arbeiten beide, aber ich mache viel mehr im Haushalt! Er kummert sich zum Beispiel nie um die Wäsche oder das Kochen. Wenn er abends vor mir nach Hause gekommen ist und ich nach einem langen, anstrengenden Tag auch endlich einmal die Füße hochlegen möchte, kann ich mich schon fast darauf verlassen, dass benutztes Geschirr in der Küche steht. Ich möchte mir* *eben einen Salat machen und mich dann auch ausruhen. Aber in diesem Saustall von Küche ärgere ich mich erst einmal und räume dann sein verdrecktes Geschirr weg. Überhaupt räume ich auch in der Wohnung ständig hinter ihm her. Das kann so nicht weitergehen!«*

Tina will nun wissen, wie sie ihren Mann auf die Situation ansprechen kann.

Tina bereitet sich mit der 5-Punkte-Methode vor:

Wertschätzung

Trainerin: *»Was schätzen Sie an Ihrem Mann?«*

Tina: *»Sehr viel! Ich habe ihn ja nicht zufällig geheiratet! Er ist sehr aufmerksam, wenn ich ihm etwas erzähle. Und ich finde schön, dass er mich auch immer noch sehr häufig anruft, wenn er auf Dienstreisen ist.*
Wenn wir ausgehen, ist er sehr charmant.
Und ich finde toll, dass er so sportlich ist und gehe gerne mit ihm joggen. Da fallen mir auch noch weitere Punkte ein!«

Trainerin: *»Das ist doch wunderbar. Für das Gespräch nehmen Sie sich am besten zwei bis drei Punkte heraus, die Ihnen besonders wichtig sind.«*

Tina: *»Gut, das überlege ich mir dann noch einmal in Ruhe.«*

Fakten

Trainerin: *»Beschreiben Sie als Nächstes die Situation, welche Sie verändern möchten.«*

Tina: »Meinem Mann ist es anscheinend egal, wie die Küche aussieht und ob die Wäsche gewaschen ist. Er kümmert sich überhaupt nicht darum! Ich finde, dass er sich viel zu wenig im Haushalt einbringt. Das ist doch ungerecht! Wir arbeiten schließlich beide voll!«

Trainerin: »Ich höre, dass Sie gerade sehr verärgert sind. Dazu kommen wir gleich noch. Bei diesem Schritt ist zunächst erst einmal wichtig, ganz nüchtern die Fakten zu beschreiben. Hier hilft oft die Vorstellung, was eine Kamera aufgezeichnet hätte. Am besten nehmen Sie auch erst einmal eine konkrete Situation, welche Sie verändern möchten. Womit möchten Sie anfangen?«

Tina: »Ich finde, er sollte sich auch mal um die Wäsche kümmern.«

Trainerin: »Gut. Fangen wir mit dem Thema Wäsche an. Beschreiben Sie jetzt ganz objektiv, wie die Situation aktuell bei Ihnen aussieht.«

Tina: »Mein Mann tut fast nichts. Ich sortiere die Wäsche, stelle die Waschmaschine an, hänge meist alles auf. Und in neun von zehn Fällen bin ich auch diejenige, welche die Wäsche wieder ordentlich auffaltet und in den Schrank räumt. Wenn überhaupt hilft Peter mir mal beim Hängen, wenn ich schnell los muss und es nicht mehr schaffe.«

Trainerin: »Um die Situation möglichst neutral und konkret zu beschreiben, hilft es oft, einen bestimmten Zeitraum auszuwählen und diesen zu beschreiben.«

Tina: »Das geht bestimmt schon seit Jahren so! Ich glaube ganz am Anfang unserer Beziehung hat er sich noch mehr gekümmert, aber jetzt ist das schon sehr lange so festgefahren. Mir ist das letztens so richtig bewusst geworden, als er nämlich doch einmal meine Pullover wegsortieren sollte und er gar nicht wusste, wohin die eigentlich gehören!«

Trainerin: »Das ist doch eine konkrete Situation, die Sie ansprechen können. Wie wäre es, wenn Sie diese beschreiben. Versuchen Sie es noch einmal ganz neutral. Zu den Gefühlen kommen wir noch und die Bewertungen lassen Sie hier ganz weg.«

Tina: »Gut. Also letzte Woche Donnerstag musste ich noch schnell zum Zahnarzt, da meine Zahnschmerzen abends noch stärker wurden. Peter war auch schon zu Hause und die Wäsche war gerade durchgelaufen. Da ich nicht wollte, dass die Hemden in der Maschine zu faltig werden, bat ich ihn, den Wäscheständer abzuhängen und die Hemden aufzuhängen. Als ich vom Zahnarzt wiederkam, lag ein zusammengelegter Pulloverstapel im Schlafzimmer. Ich hatte natürlich erwartet, dass Peter die Wäsche nicht nur abhängen, sondern auch wegräumen würde, da ich das sonst ja auch tue. Als ich Peter fragte, warum er den Stapel nicht in den Schrank geräumt hatte, antwortete er, dass er nicht sicher war, in welches Fach die Pullover gehörten.«

Trainerin: »Das klingt neutral. So können Sie ihm das erzählen.
Jetzt wissen wir ja bereits, dass Sie sehr emotional darauf reagiert haben. Welche Gefühle hatten Sie in der Situation?«

Eigene Reaktionen auf die Fakten

Tina: »Als ich das gehört habe, war ich sehr sauer. Außerdem – warum muss ich ihn darauf ansprechen? Hätte er mich ja auch von sich aus fragen können. Mal davon abgesehen, dass er das doch wissen sollte, wenn er sich mehr einbringen würde.«

Trainerin: »Bleiben wir bei Ihren Gefühlen. Sie sind also sauer. Können Sie noch weitere Gefühle benennen? Sauer sind wir meistens, wenn wir ›dahinter‹ zum Beispiel traurig sind oder uns hilflos fühlen.«

Tina: »Hm. Ich bin einfach müde. Und ich fühle mich irgendwie allein gelassen.«

Trainerin: »Oh, an dieser Stelle müssen wir aufpassen. ›Allein gelassen‹ ist kein Gefühl.«

Tina: »Ach ja, das ist wieder so ein Pseudogefühl, richtig?«

Trainerin: »Genau! Damit machen Sie ihrem Mann ein gutes Angebot, mit Wut oder Schuldgefühlen darauf zu reagieren.«

Tina: »Also ich war sauer, habe mich müde und allein gefühlt.«

Trainerin: »Das ist eine hilfreiche Formulierung! Und welche Bedürfnisse stecken dahinter?«

Tina: »Unterstützung. Und Anerkennung – dass er sieht, was ich ständig für ihn mache. Und Verbindung. Wenn ich mich allein fühle mit der Aufgabe, fühle ich mich nicht mit ihm verbunden.«

Perspektive

Trainerin: »Wenn alles wunderbar gelöst ist, wie sieht dann Ihre großartige Perspektive miteinander aus?«

Tina: »Ich bin wieder entspannt. Wir lachen gemeinsam und genießen Zeit zusammen. Ich bin erholt, fühle mich anerkannt und mit ihm verbunden. Und er hat keine genervte Ehefrau!« (lacht)

Trainerin: »Das klingt nach einer attraktiven Perspektive! Haben Sie noch etwas Konkretes vor Augen?«

Tina: »Ja! Es wäre toll, wenn wir mal wieder Zeit finden würden, uns gegenseitig zu massieren. Die letzte Zeit war ich ziemlich gestresst und genervt und da ist alles irgendwie zu kurz gekommen ...«

Aktion

Trainerin: »Was können Sie tun, damit Ihre positive Perspektive eintritt?«

Tina: »Ich werde mit ihm sprechen und ihm die 5 Punkte sagen.«

Trainerin: »Und was soll sich dann konkret ändern?«

Tina: »Ich werde ihn bitten, zwei bis drei Mal pro Woche auch zu waschen und die Wäsche dann aber auch aufzuhängen und wegzusortieren. Und ich werde ihm vorschlagen, dass wir uns mal wieder massieren!«

Trainerin: »Dann wünsche ich viel Erfolg! Erzählen Sie mir doch danach, was daraus geworden ist.«

Das Konfliktlösungsgespräch

Tina: »Hallo Peter, ich würde gerne mit dir über das Thema Haushaltsarbeiten sprechen.«

Peter: »Aha?«

Tina: »Vorher möchte ich dir aber noch sagen, dass ich sehr glücklich mit dir bin, gerne mit dir Zeit verbringe und ich unsere Gespräche total genieße.«

Peter: »Das tue ich auch. Freut mich zu hören! Und was hat das mit dem Haushalt zu tun?«

Tina: »Das wollte ich nur vorwegschicken, damit du weißt, dass nur dieses eine Thema zwischen uns ist, welches mich gerade stresst. Ansonsten bin ich sehr glücklich mit dir.«

Peter: »Ich auch mit dir! Und was ist mit dem Haushalt?«

Tina: »Letzte Woche hast du doch die Wäsche für mich abgehangen und wegsortiert – als ich schnell zum Zahnarzt musste ...«

Peter: »Ja. Und?«

Tina: »Und danach waren meine Pullover nicht weggeräumt, weil du nicht wusstest, wohin du sie räumen solltest.«

Peter: »Ja genau. Du hast ja dieses hoch komplizierte verschiedene Pulloversortensystem. Da ist mir lieber, du räumst das selber weg, sonst bist du nachher wieder sauer, wenn du sie nicht findest.«

Tina: »Wie? Ich bin sauer, wenn ich sie nachher nicht finde? Wann hast du das denn bitte das letzte Mal versucht?!«

Peter: »Am Anfang unserer Beziehung ganz oft, aber du warst fast immer verärgert, dass ich irgendwann gar keine Lust mehr hatte.«

Tina: »Wie schwer kann das auch schon sein? Mein Kleiderschrank ist doch nicht begehbar!«

Peter: »Mag ja sein, aber deine Kategorien sind merkwürdig. Mal ist wichtig, was für ein Stoff die Pullover haben, mal der Schnitt und dann die Farbe ... Und dann änderst du dein Sortiermuster ja auch wieder. Da blickt doch keiner durch.«

Tina: »Tut mir leid. Warte mal. Ich wollte eigentlich diese Methode anwenden ... Kannst du mir noch einmal zuhören?«

Peter: »Ich höre dir doch zu.«

Tina: »Also gut. Also die Fakten waren, dass du nicht wusstest, wo die Pullover hinkommen sollen und dann habe ich mich sauer, traurig und allein gefühlt.«

Peter: »Weil ich die Pullover nicht nach deinem hoch komplizierten Pulloversystem eingeräumt habe?«

Tina: »Nein, weil ich immer wasche. Und du das gar nicht mehr machst.«

Peter: »Das stimmt. Und das hat auch gute Gründe.«

Tina: »Warte mal. Lass mich noch weitersprechen. Also ich möchte mich nicht mehr darüber ärgern und wieder ganz entspannt mit dir sein.«

Peter: »Das will ich doch auch.«

Tina: »Und deswegen möchte ich dich bitten, zwei bis drei Mal pro Woche auch zu waschen. Und wir könnten uns mal wieder massieren.«

Peter: »Bist du jetzt fertig mit deinen Punkten?«

Tina: »Ja. Und was sagst du?«

Peter: »Ist nicht dein Ernst!«

Tina: »Warum?«

Peter: »Ist dir eigentlich klar, wer hier die ganze Haushaltsarbeit macht?«

Tina: »Klar! Ich koche, ich mache die Küche sauber und räume hinter Dir her, ich wasche und räume die Wäsche weg, auch wenn ich total müde bin und keine Lust dazu habe ...«

Peter: »Was du sagst stimmt. Und wahr ist auch: Ich putze die Toilette und das ganze Bad. Ich kaufe viel häufiger ein als du, damit du was zum Kochen hast. Ich verwalte den ganzen Nebenkosten-Kram und habe mich letztens geschlagene zwei Stunden mit unserem neuen Internetanbieter herumgeschlagen. Ich erinnere dich an den Geburtstag deiner Mutter. Ich sauge wöchentlich Staub ... Ach ja, und ich räume meistens die Spülmaschine aus. Und Gott ja, ich wasche keine Wäsche, da du beim Waschen und Hängen und Sortieren deine tausend Regeln hast, die sich kein Mensch merken *kann. Deswegen habe ich mich schon sehr lange auf andere Be-reiche konzentriert.«*

Tina war sprachlos. Doch dann erinnerte sie sich an den Abschnitt *Und wenn ich den Kopf verliere* aus Kapitel 3, Seite 115 f.

Tina: *»Ich weiß gerade gar nicht, was ich darauf antworten soll. Ich würde gerne darüber nachdenken und morgen noch einmal mit dir darüber sprechen.«*
Peter: *»Gerne.«*

Tina und Peter führten daraufhin noch weitere Gespräche.

Zwei Wochen später berichtete Tina, dass Peter nach wie vor keine Wä-sche waschen würde. – Im Unterschied zu der Zeit vor Ihren Gesprä-chen sei sie nun aber damit zufrieden. In ihrer langen Gewohnheit und aktuellen Stressphase hätte sie kaum noch bemerkt, was er alles für sie getan hätte. Und ihre (im ersten Gespräch mit ihm noch nicht einmal geäußerten) Bedürfnisse nach Anerkennung, Verbindung und Unterstützung würden jetzt anders als geplant erfüllt: Sie erkennt ihn häufiger dafür an, dass er ihr den Rücken frei hält. Außerdem erkennt sie sich selbst dafür an, was sie im Job alles leistet. Und er unterstützt sie dadurch, dass er mit ihr schaut, wo sie im Job kürzertreten kann, damit sie abends entspannter nach Hause kommt. Sie fühlen sich beide wieder verbundener und bestellen derzeit öfter mal beim Lieferservice, damit sie nicht kochen muss, er keine Spülmaschine auszuräumen hat und beide wieder mehr Zeit zum Erholen und Massieren haben.

Peter war sehr froh, dass Tina sich mit der 5-Punkte-Methode vorbereitet hatte.. Vorher wäre sie in ihrer Wut oft konfus geworden und im Gespräch von einem vergangenen Ärgernis zum nächsten gesprungen. Mithilfe der 5-Punkte-Methode wurde es ihnen gemeinsam möglich, immer jeweils ein Thema zu klären und dann auch wirklich abzuschließen.

Wenn alles nicht zu helfen scheint

Sie haben nun nicht nur bereits einiges Hintergrundwissen, sondern auch in konkreten Beispielen die Anwendung der 5-Punkte-Methode in Aktion kennengelernt. Doch auch, wenn Sie mit dieser Methode vermutlich die allermeisten Konflikte lösen können, gibt es Grenzen. In manchen Situationen scheint einfach nichts zu funktionieren.

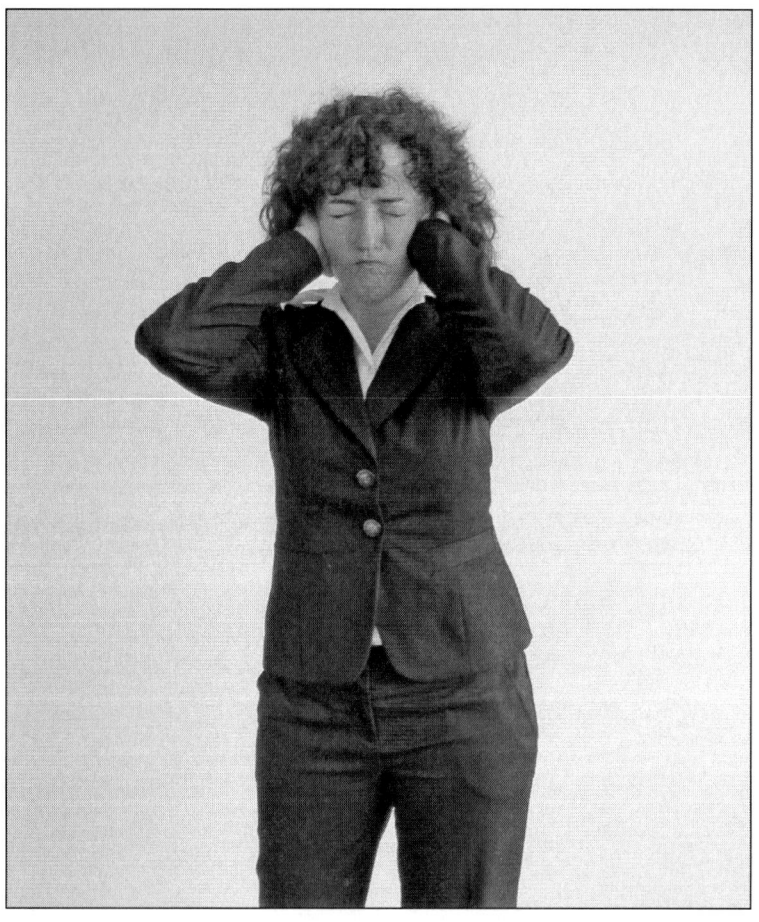

Abbildung 18: Wenn das Standardvorgehen nicht hilft, brauchen wir andere Ansätze

Manchmal haben wir sehr wenig Zeit oder fühlen so viel Schmerz und Wut, dass wir kaum über ein Thema richtig nachdenken können. Oder wir wissen zwar, dass eine Aussprache gut wäre, trauen uns aber nicht. Manchmal liegen die Probleme auch tiefer und Hilfe von außen wäre sinnvoll. Um diese Sonderfälle wird es in diesem Kapitel gehen.

5.1 Bei wenig Zeit oder viel Wut: ›Das Beste für mich. Das Beste für Sie.‹

Sie wissen jetzt schon so vieles über Konfliktlösungsmöglichkeiten, aber sehen trotzdem rot? Falls Sie trotz allem gerade nicht weiterkommen, bleiben Sie gelassen. Wenn die Situation so einfach wäre, hätten Sie diese bereits gelöst!

Hier ist noch eine alternative Kurztechnik, die oft erstaunlich wirksam ist: Das Beste für mich. Das Beste für Sie.

Wenn Sie gerade für längere Reflexionen keine Zeit haben oder sich unglaublich aufregen, sobald sie an die andere Person denken und schon der Gedanke an das Thema puren Stress für Sie bedeutet, können Sie es sich bewusst leicht machen. Immer wenn Sie bemerken, dass Sie anfangen, an den Konflikt zu denken, ersetzen Sie alle weiteren Gedanken durch die beiden Sätze: »Das Beste für mich. Das Beste für Sie (oder dich).« Und dann beschäftigen Sie sich mit etwas anderem. Der Gedankenstopp ist eine alt bewährte Methode der Verhaltenstherapie, um aus negativen Gedankenkreisläufen auszubrechen.

Mit dieser Methode werden Sie außerdem aktiv. Oft stört uns an Konflikten das Gefühl, hilflos in einer negativen Situation zu sein. Wenn wir diese neuen Gedanken bewusst wählen, sind wir aktiv – und auch positiv.

Der bewusste Fokus auf das Beste kann auch unterbewusst wirken und scheinbar plötzlich zu neuen Ideen der Lösung führen. Unser Unterbewusstes ist unglaublich kreativ. Und wenn es eine klare Anweisung bekommt, was wir wollen (das Beste), entwickelt es oft gute Ideen, während wir uns bewusst mit ganz anderen Themen beschäftigen. Und plötzlich fällt uns dann ein, wie wir weiter vorgehen können, damit sich alles in Wohlgefallen auflöst.

Und natürlich stimmen diese beiden Sätze auf eine sogenannte Winwin-Lösung ein – eine Lösung, die für beide gut ist, bei der beide gewinnen.

Probieren Sie es einfach mal aus! Meine Erfahrung ist: Das Ergebnis ist oft erstaunlich!

5.2 Sonderfall: Ich trau' mich nicht!

Was ist, wenn Sie wissen, was Sie sagen wollen würden, aber Hemmungen spüren, das Gespräch zu beginnen?

Es gibt eine Vielzahl von individuellen Ursachen, warum wir Hemmungen haben können, Konflikte anzusprechen. Und es gibt eine Vielzahl wunderbarer Möglichkeiten, sich von Hemmungen zu befreien.

In diesem Kapitel möchte ich Ihnen einen Hintergrund, der uns alle betrifft, und eine Methode, die sehr häufig hilft, vorstellen. Wenn Sie merken sollten, dass sich bei Ihnen ein individuelles Thema und damit auch ein wundervolles persönliches Potenzial für neue Freiheiten hinter Ihren Hemmungen verbirgt, lohnt es sich sicher, sich intensiver mit dem Thema zu beschäftigen. Der schnellste Weg ist vermutlich, sich fachkundigen Rat einzuholen. Dazu kommen wir im nächsten Kapitel.

Beginnen wir nun damit, womit wir alle bis zu einem gewissen Grad zu kämpfen haben: Konflikte ansprechen ist nicht leicht!

Zunächst einmal kann ich Sie beruhigen. Was da vermutlich auch bei Ihnen wirksam ist, ist ein uraltes evolutionäres Programm, welches das Überleben unserer Vorfahren gesichert hat. Es ist also grundsätzlich etwas sehr, sehr Positives.

Unsere Vorfahren lebten in Gruppen. Und das war auch sinnvoll, da ihre Überlebenschancen so um ein Vielfaches höher waren.

Damals war eine positive Verbindung mit unseren Mitmenschen also kein angenehmer Luxus – es ging um Leben und Tod. Wer sich nicht mit den anderen einigen konnte, lief Gefahr, ausgestoßen zu werden.

Deswegen erleben viele von uns auch heute noch starke Hemmungen, Konflikte anzusprechen. Die Angst, von unserem Gegenüber abgelehnt und von unserer Gruppe ausgestoßen zu werden, sitzt tief.

Was bringt uns dieses Wissen? Zunächst einmal brauchen wir uns nicht für unsere Hemmungen zu schämen. Wir folgen damit nur einer sehr sinnvollen, aber in vielen Punkten leider lange überholten Strategie.

Wie überwinden wir nun diese Hemmungen?

Eine wunderbare Art, Hemmungen und Ängste zu entmachten, ist der Realitäts-Check. Wenn wir uns fühlen wie unsere Vorfahren, die Angst um ihr Leben hatten, sind wir nicht in der aktuellen Realität. Das können wir uns bewusst machen. Um das auch intensiv wahrzunehmen, eignet es sich meiner Erfahrung nach besonders sich dem Worst-Case-Szenario – also dem schlimmsten vorstellbaren Ausgang der Situation oder auch einfach der ›Gruselversion‹ zu stellen.

Diese Methode hat schon vielen meiner Trainingsteilnehmern ebenso wie mir selber geholfen, bedrohlich erscheinende Situationen in bewältigbare umzuwandeln. (Dieses kurze Verfahren ersetzt natürlich keine Psychotherapie und wenn Ihnen der Titel der folgenden Anleitung zu heikel erscheinen sollte, dann überspringen Sie dieses Thema lieber. Falls es Sie aber positiv neugierig macht: Probieren Sie es aus!)

Anleitung: von der Gruselversion zur Wohlfühlversion

1. Stellen Sie sich vor, was der schlimmste Ausgang der Situation sein könnte.

Sie sprechen den Konflikt an und dann? Fehlen Ihnen die Worte? Ist Ihr Konfliktpartner sauer? Finden Sie keine Lösung? Rastet er völlig aus? Schreiben Sie Ihre Gruselversion auf.

2. Ganz wichtig: Denken und schreiben Sie diese wirklich zu Ende!

Oft bleiben wir mit Schrecken bei dem inneren Bild ›und dann bleibt mir die Antwort im Hals stecken‹ stehen und trauen uns nicht weiterzudenken. Aber was wäre denn, wenn das passieren würde? Ganz ehrlich? Schlimmstenfalls gehen wir aus dem Raum und starten später einen neuen Anlauf. Oder wir schreiben stattdessen eine E-Mail oder rufen an. Oder haben Sie vielleicht die Sorge, dass Ihr cholerisches Gegenüber völlig ausrastet? Haben Sie das nicht ohnehin schon erlebt (und überlebt)? Und selbst wenn das neu wäre – sofern Sie genug Abstand halten, um Ihre Ohren zu schützen, wird das außer zeitweiligem hohen Bluthochdruck bei Ihrem Gegenüber (und gegebenenfalls bei Ihnen) erst einmal keine großen Auswirkungen haben.

3. Als Nächstes überlegen Sie sich, wie Sie damit umgehen würden, wenn Ihre Gruselversion eintreten sollte.

Wie könnten Sie darauf reagieren? Wie können Sie sich wappnen? Können Sie Telefonjoker nutzen, die in der Zeit des Gesprächs auch sicher erreichbar sind? Nehmen Sie vielleicht ein Symbol in Ihrer Hosentasche als Erinnerung, dass Sie jederzeit eine Pause einlegen können, mit? Haben Sie Ihre Antworten auf die 5-Punkte-Methode griffbereit, sodass Sie notfalls auch einfach etwas vorlesen könnten, falls Sie nervös sein sollten? Was sind Strategien, die bei Ihrer Gruselversion weiterhelfen würden? Sie können auch Freunde und Kollegen als Berater hinzuziehen und fragen, wie diese auf Ihre Gruselversion reagieren würden. Vielleicht kennen Sie das: Manchmal scheint mir meine Situation unheimlich kompliziert und unlösbar schwierig. Und dann frage ich eine Freundin, die ganz lässig eine super Strategie als Lösung für mich hat. Da wäre ich nie drauf gekommen! Weil ich einfach anders bin als sie und sie anders ist als ich. Diese Unterschiedlichkeiten können unser Leben so viel leichter machen, wenn wir sie teilen!

4. Wie wahrscheinlich ist Ihre Gruselversion?

So, nun haben Sie Ihre Gruselversion auf Papier gebannt, sie bis zum Ende erzählt (und ihr damit vermutlich bereits den Schrecken genommen) und sogar eine gute Reaktion entwickelt. Jetzt einmal Hand aufs Herz: Für wie wahrscheinlich halten Sie diese Variante ehrlich? Sehr oft höre ich an der Stelle: »Na ja, so wahrscheinlich ist das ja auch nicht.« Schreiben Sie Ihre Einschätzung der Wahrscheinlichkeit ruhig mal in Prozenten auf. Und lassen Sie diese Information einmal sacken.

5. Und zum Schluss schätzen Sie noch ehrlich ein, wie wahrscheinlich es ist, dass alles harmlos verlaufen wird.

Ich würde fast wetten, dass diese Prozentzahl deutlich über 50 Prozent liegt! Das könnte doch Mut machen, oder?

Falls Sie sagen, dass Ihre Gruselversion tatsächlich sehr wahrscheinlich ist, ist das natürlich auch eine wichtige Information. Dann macht eine sehr gute Vorbereitung besonders viel Sinn. Und Sie könnten sich umfassender beraten lassen und auch darüber nachdenken, eine weitere Person mit in das Gespräch zu nehmen. Je nachdem, was für ein Gespräch Sie planen, können das natürlich unterschiedliche Personen sein. Im beruflichen Kontext könnte das zum Beispiel ein unbeteiligter Kollege, der Betriebsrat, ein weiterer Chef, ein interner Mediator oder ein externer Coach sein. Im privaten Umfeld kann bei einem festgefahrenen Streit zwischen Partnern durchaus eine beiden bekannte anwesende Freundin helfen. Natürlich gibt es auch viele weitere Stellen wie zum Beispiel soziale Einrichtungen, an die man sich zur Unterstützung bei Konfliktgesprächen wenden kann.

Ich glaube grundsätzlich nicht, dass jemand allein in die ›Höhle des Löwen‹ gehen muss. Wenn Sie sich trotz guter Vorbereitung inklusive dieser Methode noch nicht zutrauen, dieses Gespräch zu führen, stimmen die Rahmenbedingungen vermutlich noch nicht.

Neben der Variante, jemanden in das Gespräch mitzunehmen, könnten Sie sich auch für andere Kommunikationswege entscheiden. Manchmal hilft eine in ruhiger Minute verfasste E-Mail. Oder Sie fühlen sich bei einem Telefonat erst einmal wohler.

6. Finden Sie so lange Lösungen, bis Ihre Prozentzahl für einen harmlosen Verlauf so hoch ist, dass Sie sich damit wirklich wohlfühlen.
Es gibt ein schönes chinesisches Sprichwort, das sagt: »Verwandle große Schwierigkeiten in kleine und kleine Schwierigkeiten in gar keine.«

Überlegen Sie, was Ihnen noch helfen könnte, die Situation so zu gestalten, dass sie für Sie bewältigbar ist. Finden Sie so lange Lösungen, bis Sie nicht mehr darüber nachdenken müssen, sondern handeln.

1. Schreiben Sie Ihre Gruselversion auf.
2. Schreiben Sie diese wirklich bis zum Ende auf.
3. Überlegen Sie sich, wie Sie erfolgreich damit umgehen könnten, wenn diese eintreffen sollte.
4. Bewerten Sie in Prozenten, wie wahrscheinlich diese überhaupt ist.
5. Fragen Sie sich, wie wahrscheinlich ein harmloser Ablauf ist und schreiben Sie auch diese Prozentzahl auf.
6. Finden Sie so lange Lösungen, bis Ihre Prozentzahl, die einen harmlosen Verlauf einschätzt, so hoch ist, dass Sie sich damit wirklich wohlfühlen.

Haben Sie eine Lösung gefunden, wie Sie Ihren Konflikt so ansprechen können, dass Sie sich damit sicher fühlen? Herzlichen Glückwunsch! Dann haben Sie viel erreicht!

Ist Ihnen die Situation noch zu heikel? Auch das kann vorkommen. Dann finden Sie vielleicht im nächsten Unterkapitel Lösungsmöglichkeiten.

5.3 Unterstützung in Trainings und Coachings finden

Es gibt Konflikte, in denen wir selber keine schnellen Lösungen finden. Das kann an sehr unterschiedlichen Gründen liegen. Manchmal fällt es uns schwer, jahrelang gepflegtes, wenig hilfreiches Konfliktverhalten an uns selber wahrzunehmen. Manchmal merken wir bereits, dass unsere Reaktionen und Gedanken wenig hilfreich sind, stecken aber noch sehr fest in den alten Gewohnheiten. Dann kann es sehr hilfreich sein, sich in einem Training aktiv mit dem eigenen Konfliktverhalten auseinanderzusetzen. In einem solchen Rahmen finden üblicherweise Rollenspiele statt und man bekommt ganz individuelles Feedback zu seinen eigenen Verhaltensweisen. Anschließend kann man neue Verhaltensweisen direkt ausprobieren, üben und festigen. Oft ist es auch sehr spannend, von anderen zu lernen – und manchmal auch beruhigend, wenn wir nicht die Einzigen sind, die sich mit manchen Punkten erst einmal in Ruhe auseinandersetzen müssen, bevor Änderung in Sicht ist!

Bei manchen Konflikten haben wir aber vielleicht auch das Gefühl, dass die Ursachen tiefer und vielleicht schon lange zurückliegen.

Dann kann es sich sehr lohnen, seinen Mut zusammenzunehmen und sich Unterstützung in einem Einzelcoaching zu suchen, um genauer hinzuschauen. Der Vorteil von Einzelcoachings ist, dass sie einen sehr geschützten Rahmen der Auseinandersetzung bieten.

In einem derartigen Kontext können wir zum Beispiel auch für uns herausfinden, an was für familiäre Situationen uns ein Konflikt erinnert. Ärgern wir uns über diese Konfliktpartnerin wie über die bevorzugte Schwester? Würden wir von diesem miesepetrigen Vorgesetzten gerne anerkannt werden, weil wir die Anerkennung unseres Vaters nie bekommen haben?

Manchmal können wir Konflikte, die wir jahrelang mit uns herumgetragen haben, so leichter verstehen und dann ganz anders damit umgehen.

Dieses Vorgehen macht auch dann besonders viel Sinn, wenn uns ein bestimmter Konflikt immer wieder begegnet. Das ist meist ein Hinweis darauf, dass es sich lohnen könnte, nach älteren Mustern aus unserem Leben Ausschau zu halten. Dann können wir die Ursache ein für allemal aus dem Weg räumen.

Wenn Sie sich für den Weg der Einzelcoachings oder auch der Therapie entscheiden, ist es hilfreich, auf zwei Dinge zu achten:

1. Fühlen Sie sich mit der Person, die Sie begleiten soll, wirklich wohl?
2. Haben die Gespräche konkrete positive Auswirkungen auf Ihr Leben?

Ich höre in Gesprächen immer wieder, dass Menschen verunsichert sind, ob sie gut aufgehoben sind. Manchmal trauen sie sich nicht, sich eine andere Unterstützung zu suchen, obwohl sie den Eindruck haben, nicht wirklich weiterzukommen. Neben der Tatsache, dass die Person natürlich fachlich kompetent und für diese Themen ausgebildet sein sollte, ist vor allem Ihr Bauchgefühl die wichtigste Information. Selbst wenn jemand sehr gut ausgebildet ist, hilft uns das wenig, wenn wir nicht gerne zu dieser Person gehen.

Vertrauen Sie auf Ihre Intuition. Sie werden wissen, ob Sie sich noch einmal auf die Suche begeben sollten oder die passende Unterstützung bereits gefunden haben.

Bei dem Thema Einzelcoaching kommen manchmal noch Hemmungen auf, diese für sich in Anspruch zu nehmen.

Im Topmanagement ist es zwar mittlerweile ganz normal, sich in schwierigen Situationen fachkundige Coaches als Unterstützung zu holen. Und auch in anderen Bereichen wie dem Sport oder der Politik ist es bereits üblich. Menschen erkennen immer mehr, dass, wenn auch Freunde keinen guten Rat mehr haben und man im stillen Kämmerlein keine Antwort mehr findet, die Situation nicht zum Verzweifeln sein muss.

Ich sage immer: Natürlich können wir auch alleine irgendwie klarkommen. Aber zusammen mit einem unbeteiligten Profi ist es so viel leichter, blinde Flecken auszuleuchten und dadurch ganz neue Wege zu entdecken.

Für mich persönlich ist es immer wieder spannend, mich zu hinterfragen, innere Stolpersteine aus dem Weg zu räumen und so neue Potenziale zu entdecken. Und in meiner Branche der Trainer und Coaches ist ständige Weiterbildung und Supervision sogar ein Qualitätsmerkmal!

Wenn Sie also merken sollten, dass auch bei Ihnen noch unbewusste Anteile, alte Muster und versteckte Potenziale schlummern könnten ... Vielleicht finden Sie mit einer professionellen Unterstützung zu neuen Freiheiten!

›Konflikt-Immunität‹ aufbauen

Sie wissen jetzt, wie man Konflikte löst. Und wenn Sie diese Methoden auch im normalen Leben integrieren, ist das der beste Weg, erst gar keine Konflikte entstehen zu lassen. Mit diesem Wissen könnten Sie nun theoretisch entspannt durch das Leben gehen, aber wir sind Menschen. Und das bedeutet, dass wir uns immer mal wieder mehr oder weniger bewusst in Konflikte verwickeln. Was können wir aber tun, damit diese weniger schädigend für unsere geschäftlichen und privaten Beziehungen sind?

Konflikt-Immunität aufzubauen bedeutet, aktiv für eine gute Beziehung zu sorgen. Wenn unser Gegenüber weiß, dass wir ihn oder sie grundsätzlich schätzen, werden Fehltritte leichter genommen und schneller verziehen.

6.1 Das Beste und Großartigste im Gegenüber sehen

Ein besonders schöner Ansatz ist aus meiner Erfahrung, uns schon vor einem Treffen mit unserem Gegenüber darauf einzustimmen, das Beste und Großartigste in ihm zu sehen. So wählen wir einen ganz besonderen Fokus. Das ist nicht nur sehr angenehm für uns, unser Gegenüber spürt unsere Einstellung auch. Wie schon vorher erwähnt, zeigen wir unsere Einstellung auf so viele Weisen – unsere vielen kleinen Gesichtsmuskeln sind nur ein kleiner Teil davon. Unser Gegenüber wird es bestimmt – mindestens unbewusst – bemerken. Und eine übliche Folge ist, dass unser Gegenüber auch großzügig auf unsere Schokoladenseiten schaut. – Und was Aufmerksamkeit bekommt, das wird mehr. Was für eine wundervolle Dynamik!

Abbildung 19: Uns auf das Großartigste im Gegenüber zu fokussieren, ist eine wundervolle Grundlage für eine angenehme Begegnung

Das ist aus meiner Erfahrung die leichteste und schönste Art, unsere Beziehungen zu pflegen.

6.2 Sagen Sie Ihrem Gegenüber regelmäßig etwas Positives

Es gibt eine originelle Aufforderung für Führungskräfte: »Erwischen Sie Ihre Mitarbeiter bei lobenswerten Handlungen.« Wenn ein Mitarbeiter eine Aufgabe besonders schnell oder besonders effizient löst oder einen Kunden besonders zuvorkommend behandelt, sagen Sie es! Wenn Sie positives Feedback von einem Kunden über einen Mitarbeiter bekommen, sagen Sie es! »Herr Meier, die Kundin Frau Müller hat mir gestern gesagt, dass sie sich bei Ihnen besonders gut betreut gefühlt hat. Das freut natürlich auch mich! Ich bin froh, Sie in meinem Team zu haben.«

Anerkennung ist natürlich auch unter Kollegen wichtig. Wir wollen gesehen werden. Wir wollen, dass andere Menschen uns mögen und beachten. Tun wir uns doch gegenseitig den Gefallen, uns das zu geben, was wir alle brauchen.

»Schön, dass du aus dem Urlaub zurück bist! Deine aufmunternden Witze zwischendurch haben mir wirklich gefehlt!«
»Wow! Wie hast du das so schnell geschafft? Letztes Mal habe ich dafür bestimmt die doppelte Zeit gebraucht! Kannst du mir deinen Trick verraten?«
»Fand ich super, dass du dieses Thema in der Teamsitzung so offen angesprochen hast. Echt mutig!«

Auch in Freundschaften lohnt es sich, sich regelmäßig zu fragen, wie dieser Freund oder diese Freundin Ihr Leben schöner macht. Das dann auch zu sagen oder zum Beispiel einfach auf einer Postkarte festzuhalten und abzuschicken, kann sehr verbindend sein.

Und wenn Sie sich treffen, nehmen Sie sich einen Moment Zeit, um die andere Person wirklich zu sehen – die andere Person wirklich zu verstehen. Was strahlt sie aus? Wie geht es ihr? Was ist aus ihrem neuen Projekt geworden?

Oft freuen wir uns schon, wenn unser Gegenüber kleine Veränderungen bemerkt. Das kann auch einfach die neue Friseur sein oder die neue Farbe, die wir an uns ausprobieren.

Mein Eindruck ist, dass es in Deutschland nicht so verbreitet ist, positives Feedback zu geben. Vielleicht steht dahinter die Sorge, eingewickelt zu werden? Seien Sie bitte immer ehrlich! Und wenn Sie nicht direkt mit Ihrem Geschäftspartner anfangen möchten, üben Sie mit der Bäckerin, dem Fliesenleger, der Apothekerin, dem Obstverkäufer, der Kfz-Mechanikerin, dem Blumenhändler ...

»Danke, dass Sie mein Auto so schnell wieder repariert haben!« – »Sie haben ein wirklich strahlendes Lächeln« – »Sie sind so effizient! Wirklich beeindruckend!« – »Toll, wie hübsch Sie die Blumen verpackt haben. Ich wünschte, ich wäre so geschickt!«

Einmal zur Gewohnheit geworden, fällt es immer leichter, auch in herausfordernden Situationen ein ehrliches Kompliment zu finden.

6.3 Sich selbst schätzen und anerkennen

Es ist wundervoll, die positiven Seiten an unserem Gegenüber wahrzunehmen und anzusprechen. Was sich ebenfalls lohnt und vielen
Menschen leider noch schwerer fällt, ist sich selber zu schätzen und anzuerkennen. Können Sie gut Komplimente annehmen? Genießen Sie es
zu erfahren, wie Sie das Leben Ihrer Mitmenschen bereichern? Wie wäre
es mit einem kleinen Test? Schreiben Sie einfach genau jetzt 10 Punkte
auf, die Sie an sich mögen, großartig finden, schätzen …:

 Punkte, die ich an mir selbst schätze:

1.

2.

3.

4.

5.

6.

7.

8.

9.

10.

Abbildung 20:
Erkennen wir uns selbst an,
fällt uns ein positiver Kontakt
zu anderen leichter

Ist Ihnen das leichtgefallen? Herzlichen Glückwunsch, dann können Sie
schon gut Ihre positiven Seiten sehen. Haben Sie nur einen Teil des
Tests erfüllen können? Dann haben Sie noch Potenzial! Falls Sie sich
fragen, wofür das gut sein soll: Je positiver und liebevoller wir uns
selbst wahrnehmen können, desto leichter können wir unser Gegenüber

positiv und liebevoll wahrnehmen. Und das führt zu einer angenehmeren Beziehung! Also, falls Sie Ihre 10 Punkte noch nicht gefunden haben, achten Sie die nächsten Tage auf Ihre positiven Seiten. Sammeln Sie weiter! Geben Sie nicht auf! Fragen Sie eine gute Freundin, Ihren Partner, Ihre Lieblingsarbeitskollegin. Wie machen Sie das Leben Ihrer Mitmenschen schöner? Diese kleine Aufgabe kann ein Anfang sein. Wenn Sie spüren, dass es an dieser Stelle noch Potenzial bei Ihnen gibt, führen Sie Ihre Schatzsuche fort. Der nächste Schritt könnte Sie in die Bibliothek unter dem Stichwort Selbstliebe führen.

Das Schöne ist, dass auch hier gilt: ›Übung macht den Meister‹. In meinen Trainings erlebe ich häufig, dass es am ersten Tag eines Trainings für viele herausfordernd ist, positive Rückmeldungen anzunehmen. Aber wenn Sie das immer wieder tun, wird es Tag für Tag leichter. Am vierten Tag eines Trainings sagen Teilnehmer oft, dass sie überrascht sind, wie leicht es schon geworden ist! Und manche haben bereits angefangen, Komplimente zu genießen!

6.4 Bitten Sie Ihr Gegenüber um etwas

Keine falsche Bescheidenheit! Viele von uns haben gelernt, dass sie allein klarkommen können und sollen. Dagegen ist im Prinzip auch nichts einzuwenden. Aber ist es nicht auch ein Geschenk, wenn Sie jemand fragt, ob Sie das dem Kunden erklären würden, weil Sie so diplomatisch sind? Ob Sie die geliebten Blumen der Nachbarin gießen würden, solange sie ihre Schwester besucht? Diese Bitten drücken Vertrauen aus. Sie zeigen uns, dass uns der Kollege, die Nachbarin, die Freundin, ... etwas zutraut. Und etwas von Ihrem Erfolg oder Ihrem Privatleben mit uns teilen möchte. Es verbindet und verbündet uns. Es ist ein Privileg, gefragt zu werden. Und es schmeichelt uns auch.

Wenn wir etwas für eine andere Person tun, verändert das unsere Beziehung zu ihm oder ihr.

Das magische Mittel der Hexe

Es gibt ein altes Märchen, in dem eine junge Frau zu einer alten Hexe geht. Sie möchte ihre böse Schwiegermutter loswerden. Die Hexe gibt ihr ein Gift, mit welchem die junge Frau täglich den Rücken der Schwiegermutter einreiben soll. Nach vier Wochen würde sie dann sterben. Die junge Frau beginnt mit diesem Plan und reibt immer wieder und wieder das Gift in den Rücken. Nach drei Wochen kommt sie tränenüberströmt zurück zur Hexe: »Immer wenn ich das Gift auf den Rücken meiner Schwiegermutter aufgetragen habe, hat diese mir etwas aus ihrem Leben erzählt. Und jetzt habe ich sie auf einmal sehr lieb gewonnen. Was soll ich nur tun? Ich möchte nicht mehr, dass sie stirbt!!« Die Hexe lächelt: »Ich weiß. Deswegen habe ich dir auch nur einen einfachen Balsam gegeben.«

6.5 Machen Sie kleine Geschenke

Ob in Ihrer Beziehung, in Freundschaften oder Geschäftsbeziehungen – kleine Aufmerksamkeiten sind eine gute Möglichkeit, Wertschätzung auszudrücken. Wir zeigen unserem Gegenüber, dass wir an ihn oder sie gedacht haben. Ihr Geschäftspartner liebt helle Trüffel? Sie wissen, dass er gerade in einem besonders stressigen Projekt steckt? Bringen Sie zur nächsten Besprechung eine kleine Tüte mit. Und überreichen

Sie diese mit einem Augenzwinkern: »Nervennahrung für das aktuelle Projekt.« Er wird sich sicher freuen. Und er wird sich gesehen fühlen, als Mensch (und nicht nur Projektpartner), der auch mal viel Stress hat.

Abbildung 21: Mit kleinen Geschenken können wir sagen: »Ich sehe dich. Du bist mir wichtig.«

Ein Freund von Ihnen beschäftigt sich gerade begeistert mit seinem neuen Hobby Golfen? Und Sie stolpern gerade über dieses ›30 Minuten Ratgeber für Neugolfer‹-Heftchen? Vielleicht wohnen Sie mittlerweile in verschiedenen Städten und wissen nicht, wann Sie sich wiedersehen und ob er dann noch gerne golft. Kein Problem! Über das Internet können Sie das Heftchen per Mausklick in Geschenkpapier verpackt direkt an seine Adresse senden.

Nutzen Sie Ihre Kreativität! Entdecken Sie, was die Menschen, die Ihnen wichtig sind, mögen! Entdecken Sie, mit welchen Kleinigkeiten Sie ihnen eine Freude machen können. Und tun Sie es! Selbst wenn es nicht perfekt ist, wird es Ihr Gegenüber freuen. Das geht uns doch genauso, oder? Wir freuen uns doch auch über Blumen oder andere kleine Geschenke, auch wenn sie nicht genau unsere Lieblingsorte sind!

6.6 Setzen Sie frühzeitig Grenzen

Im Kapitel 2.6 *Grenzen setzen* haben wir uns bereits mit der Wichtigkeit von Grenzen beschäftigt. Wenn wir es schaffen, bei ersten Unstimmigkeiten direkt zu agieren, eskaliert der Konflikt erst gar nicht. Das zeigen auch viele Mobbingstudien. Oft beginnen Konflikte oder Mobbing mit einer langsamen Entwicklung. Es wird zum Beispiel nicht mehr gegrüßt oder eine nebensächliche Information fehlt in der Mappe. Es sind Kleinigkeiten, aber Ihr Bauch sagt Ihnen: Da stimmt etwas nicht. Vertrauen Sie Ihrem Gefühl. Sprechen Sie Unstimmigkeiten an, solange sie noch Unstimmigkeiten und keine handfesten Konflikte sind. Dann ist die Lösung oft nur ein kurzes Gespräch, ein Klären der Rahmenbedingungen und ein Lächeln.

6.7 Genießen Sie Ihr Leben! Auch im Job!

Sie wundern sich jetzt vielleicht, was das genau bedeuten soll. Was ich in meiner Arbeit oft beobachte, ist, dass Menschen Job und Privatleben emotional komplett trennen. Sie sind im Job viel leidensfähiger und nehmen unangenehme Situationen viel selbstverständlicher hin als zu Hause. Aber auch Ihre Zeit im Job ist Ihre Lebenszeit.

Abbildung 22: Je angenehmer wir unsere Arbeitszeit gestalten, desto leichter fällt uns eine konstruktive Kommunikation

Machen Sie diese Stunden so schön wie irgendwie möglich. Richten Sie Ihren Arbeitsplatz (natürlich innerhalb Ihrer Möglichkeiten) angenehm ein. Legen Sie Wert auf angenehme Beziehungen zu Ihren Arbeitskollegen. Sagen Sie Ihren Kollegen, Kunden, Vorgesetzten oder Geschäftspartnern, was Sie an Ihnen schätzen. Gönnen Sie sich eine kleine Pause mit Ihrem Lieblingstee oder -kaffee. Und wenn Sie eine Pause machen, machen Sie eine richtige Pause! Parallel über E-Mails schauen gilt nicht! Selbst wenn wir nur drei Minuten ganz abschalten (auch den Monitor), fühlen wir uns danach oft schon deutlich besser! Legen Sie sich schöne Sprüche oder Bilder als Datei auf Ihren Desktop, in Ihr Portemonnaie oder in Ihre oberste Schublade. Lächeln Sie regelmäßig. (Das ist auch gut für das Immunsystem). Was fällt Ihnen ein, um Ihre Zeit im Job noch genussvoller zu gestalten? Fangen Sie gleich an zu sammeln.

Wie ich meinen Job noch genussvoller gestalten kann:

1. _____

2. _____

3. _____

4. _____

5. _____

Je entspannter und glücklicher Sie sind, desto leichter werden Ihnen entspannte und glückliche Beziehungen zu Ihren Mitmenschen gelingen.

Diese positive innere Grundhaltung macht Sie immun gegen einen Großteil möglicher Konflikte. Sie nehmen negative Kommentare weniger persönlich und finden es so leichter, eine Klärung im Gespräch zu finden. Eingebildete Konflikte fallen fast gänzlich weg.

Beispiel: Die Kollegin grüßt Sie auf dem Parkplatz nicht

Sie könnten sauer reagieren. Doch in Wirklichkeit war die Kollegin gerade so mit ihrem neuen Projekt beschäftigt, dass sie Sie einfach nicht wahrgenommen hat. Wenn Sie innerlich entspannt und glücklich sind, können Sie leichten Herzens nachfragen. Die Kollegin kann Ihnen dann sagen, dass sie gerade in Gedanken war.

Konflikte, die aufgrund von unpassenden Rahmenbedingungen entstanden sind und die Sie gar nicht klären können, können Sie leichter bewältigen.

Beispiel: Ein Kollege ärgert sich, weil Sie bevorzugt wurden

Ein Kollege ärgert sich, weil Sie befördert wurden und er nicht. Diese Situation (angenommen, Sie haben sich fair verhalten) hat nichts mit Ihnen persönlich zu tun. Trotzdem kann es eine stressige Situation für Ihren Kollegen sein. Lassen Sie sich nicht auf Diskussionen und Anfeindungen ein. Grenzen Sie sich ab und signalisieren Sie, dass der Abteilungsleiter der richtige Ansprechpartner für das berufliche Fortkommen des Kollegen ist und nicht Sie. Wenn Sie innerlich ruhig bleiben und die Situation nicht persönlich nehmen, ist eine entspannte Abgrenzung einfach.

Je mehr wir unsere Zeit im Job genießen, desto entspannter sind wir und desto angenehmer wird unsere Kommunikation – für uns und unsere Mitmenschen.

6.8 Genießen Sie Ihr Leben! Auch außerhalb des Jobs!

Die Anforderungen im Arbeitsleben wachsen ständig. Stellen werden gekürzt, Abläufe werden zusammengefasst, ganze Abteilungen werden zusammengelegt und die gleiche Arbeit soll von weniger Mitarbeitern erledigt werden – die Herausforderung, sich abzugrenzen und gut für sich zu sorgen, wird für den Einzelnen immer größer. Gerade Veränderungen, die langsam vonstattengehen, bemerken wir oft erst, wenn ein untragbares Maß schon überschritten ist. Burn-out-Studien zeigen, dass der Prozess des Ausbrennens oft über Jahre schleichend voranschreitet. Und in meinen Coachings höre ich auch sehr häufig: »Ich weiß auch nicht, wie es dazu kommen konnte. Ich hätte nie gedacht, dass ich einmal in eine solche Situation hineinrutschen würde. Warum habe ich das denn nicht selber bemerkt?« Langsame Veränderungen sind oft schwierig wahrzunehmen. Bevor der nächste Schritt geschieht, haben wir uns an den letzten schon gewöhnt – und so geht der Prozess immer weiter.

Umso wichtiger ist es daher, dass wir auch Kontakte außerhalb des Jobs haben, welche uns auf Missstände (zum Beispiel die tieferen Augenringe) hinweisen. Familien zwingen uns manchmal im positivsten Sinne dazu, im Job gesündere Grenzen zu ziehen. Wenn abends jemand auf uns wartet und vielleicht auch noch eine schöne Aktion mit uns erwartet, können wir es uns nicht leisten, im Job auszubrennen.

In Zeiten stetig zunehmender Single-Haushalte ist unsere Selbstgestaltung besonders gefragt. Statt abends noch einmal den Laptop aufzuklappen, ist es doch viel schöner, das Telefon in die Hand zu nehmen und sich mit Freunden zu verabreden. Freunde, Familie, Hobbys, ein Engagement in Vereinen, ... all' das sind gesunde Gegengewichte zu den Herausforderungen der Arbeit. Diese Zeit gibt uns positive Energie und macht uns auch insgesamt glücklicher. Und es entsteht noch ein weiterer Vorteil: Wenn wir uns privat zufrieden und erfüllt fühlen, nehmen wir Konflikte im Job leichter. Wenn unser Leben fast nur noch aus Arbeit besteht, bekommt jede berufliche Situation einen unangemessen hohen Stellenwert und wir können schnell empfindlich werden.

Dass uns soziale Eingebundenheit hilft, Schwierigkeiten besser zu bewältigen, können wir auch aus der aktuellen Resilienz-Forschung lernen. Allgemein definiert ist Resilienz die Fähigkeit, Krisen mithilfe der eigenen persönlichen und sozialen Ressourcen zu meistern. Die Forschung hatte sich ursprünglich mit Kindern beschäftigt, welche trotz Armut, erlebten Traumata und anderen massiven widrigen Umständen dennoch zu psychisch gesunden und beruflich erfolgreichen Erwachsenen heranwuchsen.

Eine Sache, die wir in Kürze aus der Resilienz-Forschung für das Thema Konfliktimmunität mitnehmen können, ist Folgendes: Wenn wir dank Familie, Freunden, Verein oder Glaubensgemeinschaft ein intaktes Sozialleben haben, macht das uns (und in Zukunft sogar unsere Kinder!) deutlich erfolgreicher, Krisen zu meistern und Konflikte leichter zu nehmen. – Soziale Eingebundenheit als stabilisierender Faktor in Krisenzeiten ist aber natürlich nur ein Aspekt der Resilienz-Forschung. Wenn Sie das Thema interessiert, empfehle ich das Buch *Resilienz* von Denis Mourlane.

Um ein glückliches und erfülltes Leben zu führen, in dem Konflikte nur noch ein gut zu bewältigendes Nebenthema sind, lohnt es sich, sich regelmäßig diese Fragen zu stellen:

1. Was macht mich wirklich glücklich? Und wie kann ich mein Leben so gestalten, dass ich das auch erlebe?
2. Wie kann ich zum Glück anderer beitragen?
3. Wie kann ich das lernen, was ich benötige, um die ersten beiden Lebensaspekte zu verwirklichen?

Sämtliche Forschungen zu dem Thema, meine Erfahrungen aus jahrelangen Trainings sowie aus meinem eigenen Leben zeigen: Je glücklicher und zufriedener wir sind, desto befriedigender und konfliktfreier können wir unsere Beziehungen zu unseren Mitmenschen gestalten.

Sorgen wir also dafür, dass es uns gut geht – sowohl für uns als auch für alle anderen!

Ich wünsche Ihnen ein glückliches und erfülltes Leben!

Ihre

Anhang

Kopiervorlage 5-Punkte-Methode: Selbstreflexion

1. Wertschätzung

Was schätze ich an meinem Konfliktpartner?

_____

_____

_____

Was könnte mein Konfliktpartner an mir schätzen?

_____

_____

_____

2. Fakten

Was ist objektiv geschehen?

_____

_____

_____

3. Eigene Reaktion auf die Fakten

Wie fühle ich mich jetzt in dieser Situation meinem Konfliktpartner gegenüber?

_____

_____

_____

Welche Bedürfnisse stecken dahinter?

_____

_____

_____

4. Perspektive

Was will ich in Zukunft mit dieser Person erleben?

_____

_____

_____

5. Aktion

Was kann ich anders machen?

Habe ich einen Wunsch an meinen Konfliktpartner?

_____

_____

_____

Kopiervorlage 5-Punkte-Methode: Leitfaden für das Gespräch

1. Wertschätzung

Was schätze ich an meinem Konfliktpartner?

_____

_____

_____

_____

2. Fakten

Was ist objektiv geschehen?

_____

_____

_____

_____

3. Eigene Reaktion auf die Fakten

Wie fühle ich mich jetzt in dieser Situation meinem Konfliktpartner gegenüber?

_____

_____

_____

_____

Welche Bedürfnisse stecken dahinter?

_____

_____

_____

_____

4. Perspektive

Was will ich in Zukunft mit dieser Person erleben?

_____

_____

_____

_____

5. Aktion

Was kann ich anders machen?

Habe ich einen Wunsch an meinen Konfliktpartner?

_____

_____

_____

_____

Kopiervorlage 5-Punkte-Methode: Durch die Augen des anderen schauen

1. Wertschätzung

Was schätze ich an meinem Konfliktpartner?

_____

_____

_____

Was könnte mein Konfliktpartner an mir schätzen?

_____

_____

_____

2. Fakten

Was ist objektiv geschehen?
(Welche Informationen hatte mein Gegenüber wirklich?)

_____

_____

_____

3. Eigene Reaktion auf die Fakten

Wie fühle ich mich jetzt in dieser Situation meinem Konfliktpartner gegenüber?

_____

_____

_____

Welche Bedürfnisse stecken dahinter?

_____

_____

_____

4. Perspektive

Was will ich in Zukunft mit dieser Person erleben?

_____

_____

_____

5. Aktion

Habe ich einen Wunsch an meinen Konfliktpartner?

_____

_____

_____

Kopiervorlage 5-Punkte-Methode: Die Kurzübersicht für unterwegs

---

Die 5-Punkte-Methode zur Konfliktlösung

1. Wertschätzung

Was schätze ich an meinem Konfliktpartner?

Was könnte mein Konfliktpartner an mir schätzen?

2. Fakten

Was ist objektiv geschehen?

3. Eigene Reaktion auf die Fakten

Wie fühle ich mich jetzt in dieser Situation meinem Konfliktpartner gegenüber?

Welche Bedürfnisse stecken dahinter?

4. Perspektive

Was will ich in Zukunft mit dieser Person erleben?

5. Aktion

Was kann ich anders machen?

Habe ich einen Wunsch an meinen Konfliktpartner?

Diese Kopie können Sie als Spickzettel für geplante Konfliktgespräche einstecken. Und Sie können sie in schwierigen Phasen griffbereit halten. Beliebte Orte für diesen Spickzettel sind: das Portemonnaie, die oberste Schublade neben dem Schreibtisch, die Hosentasche, die Besprechungsmappe und der Kühlschrank.

Literaturverzeichnis

Aronson, Elliot; Timothy Wilson; Robin Akert (2008): Sozialpsychologie. Addison-Wesley Verlag.

Asgodom, Sabine (2012): Liebe wild und unersättlich!: Für Frauen, die sich trauen, das Glück zu leben. Goldmann Verlag.

Berckhan, Barbara (2005): Die etwas intelligentere Art, sich gegen dumme Sprüche zu wehren: Selbstverteidigung mit Worten – Mit Trainingsprogramm mit CD. Weltbild Verlag.

Berkel, Karl (2002): Konflikttraining. Arbeitshefte Führungspsychologie. Sauer-Verlag.

Betz, Robert (2011): Willst du normal sein oder glücklich?: Aufbruch in ein neues Leben und Lieben. Heyne Verlag.

Birkenbihl, Vera F. (2002): Jeden Tag weniger ärgern. Droemer Knaur Verlag.

Boy, Jacques; Christian Dudek; Sabine Kuschel (2003): Projektmanagement: Grundlagen, Methoden und Techniken, Zusammenhänge. Gabal Verlag.

Brown, Rita Mae (1995): Die Tennisspielerin. Rowohlt Verlag.

Byron, Katie; Stephen Mitchell (2002): Lieben was ist. Wie vier Fragen Ihr Leben verändern können. Goldmann Verlag.

Carlson, Neil R. (2012): Physiology of Behavior. PIE (PS) Verlag.

Chopich, Erika J.; Margaret Paul (2003): Aussöhnung mit dem inneren Kind. Ullstein Verlag.

Chopich, Erika J.; Margaret Paul (2012): Das Arbeitsbuch zur Aussöhnung mit dem inneren Kind. Ullstein Verlag.

Daigeler, Thomas; Franz Hölzl; Nadja Raslan (2010): Führungstechniken. Haufe Verlag.

Dulabaum, Nina L. (2000): Mediation: Das ABC. Die Kunst, in Konflikten erfolgreich zu vermitteln. Beltz Verlag.

Glasl, Friederich (2013): Konfliktmanagement: Ein Handbuch für Führungskräfte, Beraterinnen und Berater. Verlag Freies Geistesleben.

Goldstein, E. Bruce (2007): Wahrnehmungspsychologie: Der Grundkurs. Spektrum Akademischer Verlag.

Goleman, Daniel (2008): Emotionale Intelligenz. Deutscher Taschenbuch Verlag.

Gray, John (2002): So bekommst du, was du willst, und willst, was du hast. Der praktische Wegweiser zu persönlichem Erfolg. Goldmann Verlag.

Höfner, Eleonore; Hans-Ulrich Schachtner (1995): Das wäre doch gelacht! Humor und Provokation in der Therapie. Rowohlt Verlag.

Hüther, Gerald (2011): Was wir sind und was wir sein könnten: Ein neurobiologischer Mutmacher. S. Fischer Verlag.

Kashtan, Inbal (2011): Von Herzen Eltern sein: Die Geschenke des Mitgefühls, der Verbindung und der Wahlfreiheit miteinander teilen. Junfermann Verlag.

Lipton, Bruce H. (2007): Intelligente Zellen: Wie Erfahrungen unsere Gene steuern. KOHA-Verlag.

Lundin, Stephen C.; Harry Paul; John Christensen (2003): FISH! Ein ungewöhnliches Motivationsbuch. Wilhelm Goldmann Verlag.

Logan, Dave; King, John; Fischer-Wright, Halee (2011): Tribal Leadership: Leveraging Natural Groups to Build a Thriving Organziation. Harper CollingsPublishers.

Mourlane, Denis (2013): Resilienz. Verlag BusinessVillage.

Neubauer, Michael (2003): Krisenmanagement in Projekten: Handeln, wenn Probleme eskalieren. Springer-Verlag.

Nöllke, Matthias (2009): Schlagfertigkeit. Haufe-Lexware Verlag.

Oppermann-Weber, Ursula (2001): Handbuch Führungspraxis: Führung, Führungskräfte, Führungskompetenzen. Organisation der Bereiche der Mitarbeiterführung, Zielvereinbarungen, Motivation und Delegation. Cornelsen Verlag.

Pilz-Kusch, Ulrike (2012): Burnout: Frühsignale erkennen – Kraft gewinnen: Das Praxisübungsbuch für Trainer, Berater und Betroffene. 8 Focusing-Schlüssel, die wirklich helfen. Beltz Verlag.

Pinel, John P.J.; Paul Pauli (2012): Biopsychologie, Pearson Studium Verlag.

Rosenberg, Marshall B. (2012): Gewaltfreie Kommunikation. Eine Sprache des Lebens. Junfermann Verlag.

Rosenberg, Marshall B.; Michael Dillo (2007): Kinder einfühlend ins Leben begleiten: Elternschaft im Licht der gewaltfreien Kommunikation. Junfermann Verlag.

Rosenberg, Marshall (2004): Konflikte lösen durch Gewaltfreie Kommunikation. Ein Gespräch mit Gabriele Seils. Herder Spektrum Verlag.

Schulz von Thun, Friedemann (2004): Miteinander Reden 1. Störungen und Klärungen. Weltbild Verlag.

Schulz von Thun, Friedemann (2000): Miteinander Reden 2. Stile, Werte und Persönlichkeitsentwicklung. Weltbild Verlag.

Schulz von Thun, Friedemann (2000): Miteinander Reden 3. Das „Innere Team" und situationsgerechte Kommunikation. Weltbild Verlag.

Stock, Christian (2011): Mobbing. Haufe-Lexware Verlag.

Thich Nhat Hanh (2001): Innerer Friede – Äußerer Friede. Theseus Verlag.

Thich Nhat Hanh (2007): Ärger: Befreiung aus dem Teufelskreis destruktiver Emotionen. Arkana Verlag.

Watzlawick, Paul (2009): Anleitung zum Unglücklichsein. Piper Taschenbuch Verlag.

Wiseman, Richard (2010): Wie Sie in 60 Sekunden Ihr Leben verändern. Fischer Taschenbuchverlag.

Übungskiste und Übungskarten

Heragon, Claus (2010): Erfolgreich Kommunizieren. Gesprächsführung in 50 x 2 Minuten. Über 50 Wissenskarten für Ihren Erfolg. Heragon Verlag.

Holler, Ingrid und Heim, Vera (2009): KonfliktKiste: Konflikte erfolgreich lösen mit der Gewaltfreien Kommunikation. Junfermann Verlag.

Die Autorin

 **Linda Schroeter** ist Diplom-Psychologin, zertifizierte Therapeutin und NLP Practitioner. Schon im Studium entschied sie sich für den Schwerpunkt Arbeits- und Organisationspsychologie und arbeitet seit vielen Jahren mit großer Freude als Trainerin und Coach.

Ihre Schwerpunktthemen sind Führung, Konfliktmanagement und Persönlichkeitsentwicklung. Ihre Kunden – von Mittelständlern bis DAX 30 – schätzen insbesondere die Klarheit und Leichtigkeit ihrer Führung.

Ihre Philosophie

Veränderung darf leicht gehen, tief gehen und Freude machen.

Sie macht immer wieder die Erfahrung, wie viel großartiges Potenzial im Einzelnen sowie in ganzen Unternehmen steckt. Dieses kann sich entfalten – wenn man einen positiven Fokus, die richtigen Fragen und einen wertschätzenden Umgang wählt.

Linda Schroeter ist verheiratet und lebt mit ihrem Mann und ihrer Tochter in Düsseldorf.

Kontakt:

E-Mail: schroeter@schroeter-entwicklung.de
Internet: www.schroeter-entwicklung.de

Danksagung

Dieses Buch basiert auf jahrelanger Trainingserfahrung – und damit auf den persönlichen Erfahrungen meiner Teilnehmer. Ich danke allen Trainingsteilnehmerinnen und -teilnehmern, dass sie mich an ihren Erlebnissen haben teilhaben lassen.

Ich danke für die angenehme Zusammenarbeit mit BusinessVillage! Christian Hoffmann danke ich für seine außergewöhnlich wertschätzende Art der Zusammenarbeit und Inspiration. Jens Grübner bin ich für sein unglaublich genaues Textgespür und seine bereichernden und treffenden Ideen dankbar! Und Frau Sabine Kempke danke ich ganz herzlich für Ihre Geduld und die tolle Gestaltung!

Weiterhin danke ich all den großartigen Menschen, welche mich durch konkretes Feedback, gute Ideen, konstruktive Kritik, das Teilen der Freude an dem Projekt Buch und viele kleine und große Hilfestellungen unterstützt haben: Waldemar Trenkel, Sibylle Schroeter, Titus Schroeter, Djamila Lindemann, Sarah Tabea Paulus, Anna Ross, Anna Loll, Artur Arakelyan, Timon Schroeter, Kristina Pendzich, Mette Staudt, Torsten Perizonius, Jörg Hälker, Peter Bölingen und Vanessa Tröhler.

Meinen Freunden Djamila Lindemann und Matthias Meuter danke ich ganz herzlich für das Modeln!

Ganz besonders möchte ich auch meinem geliebten Mann und meiner wundervollen Tochter dafür danken, dass sie mir die Zeit für dieses Buch geschenkt haben.

Gelassen gewinnen

Martin Christian Morgenstern
Gelassen gewinnen
Ab jetzt reitest du den Affen!

ca. 224 Seiten; 2014; 24,80 Euro
ISBN 978-3-86980-238-1; Art-Nr.: 929

Das Leben ist seit jeher stets ein Gewinnen und Verlieren: Besitz, Menschen, Gesundheit, Leben, Zeit, Nerven, Geld ... Bedingt durch die zunehmende Schnelligkeit der heutigen Welt wird dieses Spiel mit Gewinn und Verlust immer schneller und unberechenbarer. Das führt unser – immer noch steinzeitliches – Gehirn an seine Grenzen. Wir fühlen uns getrieben, unzufrieden und ein nicht enden wollendes Gefühl des ›Ich muss noch etwas machen‹.

Zeit, Gelassenheit als neue Überschrift für Ihr Leben zu wählen und im Kopf für angenehme Ruhe zu sorgen. Denn mit dem gezielten Verändern des Körperzustands ändert sich auch das mentale Empfinden und Ihr Gehirn beginnt, immer weniger auf ehemalige Stressreize zu reagieren. Ab jetzt reiten Sie den inneren Affen!

Wie das gelingt, zeigt Top-Trainer Dr. Martin Christian Morgenstern. Die Zutaten dafür heißen gesunder Körper, gekonnte Stresssteuerung und das Loslassen von Ängsten. Dafür müssen Sie Ihr Leben keineswegs auf den Kopf stellen, denn Gelassenheit lässt sich handfest über ganz einfache Techniken entwickeln. So werden Sie in wenigen Wochen zu einem gelassenen Gewinner Ihres Lebens!